80后女孩的人生必修课

华　君◎编著

中国華僑出版社

图书在版编目(CIP)数据

80后女孩的人生必修课/华君编著. —北京:中国华侨出版社,2011.6

ISBN 978-7-5113-1037-8

Ⅰ.①8… Ⅱ.①华… Ⅲ.①女性—修养—青年读物 Ⅳ.①B825-49

中国版本图书馆CIP数据核字(2011)第082181号

●80后女孩的人生必修课

编　　著/华　君
策　　划/刘凤珍
责任编辑/棠　静
责任校对/李瑞琴
装帧设计/天宇行
经　　销/全国新华书店
开　　本/710×1000毫米　1/16开　印张17　字数200千字
印　　刷/北京中印联印务有限公司
版　　次/2011年7月第1版　2011年7月第1次印刷
书　　号/ISBN 978-7-5113-1037-8
定　　价/30.00元

中国华侨出版社　北京市朝阳区静安里26号通成达大厦3层　邮编:100028
法律顾问:陈鹰律师事务所
编辑部:(010)64443056　64443979
发行部:(010)64443051　传真:(010)64439708
网　址:www.oveaschin.com
E-mail:oveaschin@sina.com

序　言

80后的年轻女孩们，有着青春的容颜、激情的活力、对生活的渴望；有着新时代女性的追求；也有着不太成熟的性格、初为人妻的羞涩和对生活的迷茫…… 可是，年轻的你一定要明白：如今你已经不需要浪漫的童话故事，而是童话故事背后的现实；你不再需要某个男人在自己耳边的海誓山盟，只需要他从心底的对自己的呵护，给予自己的安全感。

在现实生活中，许多80后女孩，她们或许没有漂亮的外表，或许没有优越的家势，但是她们却拥有自己独立的人格，拥有自己的事业和朋友。她们不会为此抱怨，她们每天依然开心地工作、生活，依然给丈夫和孩子、给朋友最灿烂的笑容、最甜美的声音、最真诚的祝福。她们总是给人一种赏心悦目、如沐春风的感觉。她们深知，女人要想改变自己的命运就一定要懂得：无法改变长相，那就设法改变自己的气质；无法改变生活，那就设法改变自己的习惯；无法改变事情，那就设法改变自己的心情；无法改变智商，那就设法改变自己的情商；无法改变地位，那就设法改变自己的品位……

本书本着轻松愉悦的态度，寄希望于80后的女孩事业有成、家庭幸福的同时，更多地历练一下自己尚不足的地方，以便让自己拥有更多的幸福与快乐，充分展示自己的魅力与能力，成为一个人见人爱的新时代女性！

因此，这是一本为80后女孩娓娓道来的智慧之书，是年轻女孩人生的必修课。它告诉年轻女孩们将如何实现自己简单的梦想，并祝愿每个女孩子都可以梦想成真！

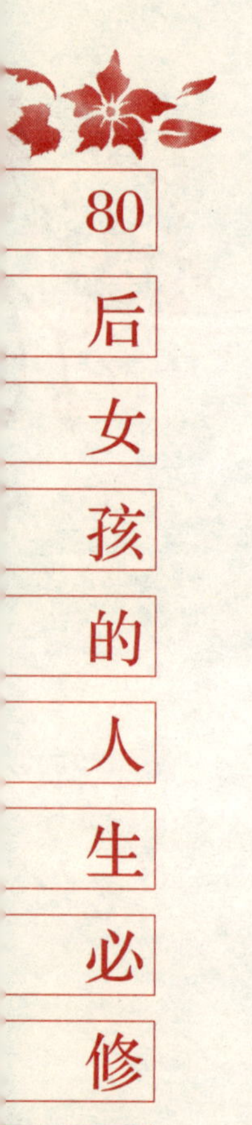

目 录

第 5 章　举止优雅，你的形象完美无缺 / 144

第 6 章　投资靠眼光，理财靠能力 / 163

第1章　活出精彩：打造你的人生资本

聪明的女人最有风度

80后的女孩，应该懂得如何表现自己，她们的成熟、优秀、文雅、娴静，各种气质与品位都可以在举手投足间得到最好的体现。现代女人，可以没有惊艳的容貌，但不能没有清新淡雅的妆容；可以没有模特的形体，但不能没有得体的装束；可以没有优越家境的熏陶，但绝对不能没有与世无争、不争名逐利、闲适恬淡的处世态度，不能没有忍耐、理解和宽容的良好品质。

80后的女孩，不管何时何地，要懂得以宽容的心去善待他人。善解人意、宽容大度、胸襟开阔是好女人所具备的品质，更是现代女人所不可或缺的品位。

西方谚语说："别为打翻的牛奶哭泣。"事情既已不可挽回，那就别再为它伤脑筋。错误在人生中随处可遇，有些错误可以改正，可以挽救，而有些失误就不可挽回了。面对人生中改变不了的事实，聪明的女人自会淡然处之。

很多时候，痛苦常常就是为"打翻了的牛奶"哭泣，常留心结，挥之不去。牛奶已被打翻了，哭又有何用呢？

人生之中，不如意的事已经太多，何不让美好的、真诚的、善意的留在心底，常怀感恩之心看待身边的人和事，笑着面对生活呢？

80后的女孩，做事不斤斤计较，总是有能力把复杂的事简单化，用一颗平常的心热爱生活，无欲无求，宠辱不惊，这何尝不是一种快乐，不是一种满足，又何尝不是一种超然？

或许你会说“站着说话不腰疼”，但是，在人生中，有那么多无能为力的事——倒向你的墙、离你而去的人、流逝的时间、没有选择的出身、莫名其妙的孤独、无可奈何的遗忘、永远的过去、别人的嘲笑、不可避免的死亡、不可救药的喜欢……与其悲啼烦恼，何不一笑而过？

记住该记住的，忘记该忘记的。改变能改变的，接受不能改变的。能冲刷一切的除了眼泪，就是时间，以时间来推移感情，时间越长，冲突越淡，仿佛不断稀释的茶。

如果敌人让你生气，那说明你还没有胜他的把握；如果朋友让你生气，那说明你仍然在意他的友情。《笑傲江湖》中的令狐冲说：“有些事情本身我们无法控制，只好控制自己。我不知道我现在做的哪些是对的，哪些是错的，而当我终于老死的时候我才知道这些。所以我现在所能做的就是尽力做好待着老死。也许有些人很可恶，有些人很卑鄙。而当我设身处地为他着想的时候，我才知道：他比我还可怜。所以请原谅所有你见过的人，好人或者坏人。”

死亡教会人一切，如同考试之后公布的结果——虽然恍然大悟，但为时晚矣。你出生的时候，你哭着，周围的人笑着；你逝去的时候，你笑着，而周围的人在哭！一切都是轮回！

人生短短几十年，不要给自己留下什么遗憾，想笑就笑，想哭就哭，该爱的时候就去爱，无须压抑自己。

当幻想和现实面对时，总是很痛苦的。要么你被痛苦击倒，要么你把痛苦踩在脚下。

生命中，不断有人离开或进入。于是，看见的，看不见的；记住的，遗忘了的。生命中，不断地有得到和失落。于是，看不见的，看见了；遗忘的，记住了。然而，看不见的，是不是就等于不存在？记住的，是不是永远不会消失？

心胸狭小是很多女人的致命弱点。从小处来说，心胸狭小不利于建立和谐温情的家庭关系，不利于形成良好融洽的人际关系；不利于身体和心理的健康。从大处来说，心胸狭小不利于女人家庭地位、社会地位的提高，不利于女人的彻底解放，不利于女人在事业方面的进步和发展。

80后的女孩知道如何去做一个心胸开阔的女人。她们会站得更高一些，扩大自己的视野。当我们近距离盯住一块石头看的时候，它很大；当我们站在远处看这块石头时，它很小。当我们立在高山之巅再来看这块石头，已经找不到它的踪迹了。有了更宽广的视野，就会忽略生活当中的很多细节和小事。

80后的女孩会努力学习，做生活和事业的强者。嫉妒总是和弱者形影相随的，羸弱而不如人，便会生出嫉妒他人之心。女人应当自尊自强，用自己的努力和能力去证实和展示自己。女人为什么不能像男人那样也成为一棵大树呢？

80后的女孩学习正确的思维方式，学会宽容别人。和丈夫发生不愉快时，多想想丈夫对自己的恩爱；和朋友发生不愉快时，多想想朋友平素对自己的帮助；和同事相处不愉快时，多想想自己有什么不对。看别人不顺眼时，多想想别人的长处。

80后的女孩，会设身处地替别人考虑，遇事情多为别人着想，多关心和帮助他人。现代女人要加强个人修养，主动向身边优秀的人学习，善于取他人之长补自己之短，培养独立和健全的人格。另外，多参加健康有益的社会活动和文娱活动。

心胸开阔、性格开朗、潇洒大方、温文尔雅的女人，会给人以阳光灿然之美；雍容大度、通情达理、内心安然、淡泊名利的女人，会给人以成熟大气之美；明理豁达、宽宏大量、先人后己、乐于助人的女人，会给人以祥和善良之美。聪明的女人，知道如何去做一个心胸开阔的女人。

人一生要遇到很多不顺的事，女人同样如此。如果你遇事斤斤计较，不能坦然面对，或抱怨或生气，最终受伤害的只有你自己。要知道，容易满足的女人，才会更加幸福。

让自己每天都是最漂亮的

女孩，生性敏锐，心思细腻，天生爱美。不管是什么年龄和季节的女孩，纵然是万般地不同，都有着一颗包容和温柔的心，希望自己每天都是最漂亮的，既有个性，又懂时尚。

聪明的女孩遇到任何事情，都能大方得体，相信自己能够处理妥当。聪明的女孩基本上都拥有独特的个性和魅力。然而，有的女孩看上去非常漂亮，但就是缺少相应的文化品位，让人觉得缺乏内涵。

漂亮的女孩懂得生活的品位和内涵，懂得展示女性的魅力，往往能忙里偷闲寻找一份惬意。她们受过高等教育，有自己的思想、见解；会家政、善理财；懂美学，有生活情趣。在经济上，时尚女孩不依靠任何人。在精神境界，她的精神是独立的。她懂得通过交友、读书、娱乐来充实自己的内心。所以，即使没有爱情的滋润，仍然活得自在而逍遥。

80后的女孩在柔情似水的外表下，跳动着一颗坚强的心。她们会用最温柔的方法出击，争取最合理的待遇与最合适的位置。抛弃男人与爱情？那不是完整的生活，她会理性地去爱，跟他约会，充分享受爱情带来的甜美，却不完全依赖爱情；不控制情感却把它向美好的目的地引导。这种尺度她会拿捏得很好，让男人亲近她，却从不敢轻视她。

时尚女性会努力打理事业。她们踏实、勤奋，即使只是一份工作，她们也会热忱地经营。她们善于把握机会，懂得在什么时候要柔美、什么时候要刚毅。新女性比过去更善于用多种方式保护自己，为人处世有其原则性。

时尚女孩一般都善待自己的安排，定期做面膜、做健身操、游泳等，将收入的一部分花在服装、化妆上。她们希望自己年轻美丽，优雅迷人。更重要的是，她们认为好的形象不是为了给男人看的，这是她们对自己的要求。

她们安静地泡在各种各样的吧厅里，悠闲品尝小巧的茶点、可口的冰淇淋，或者是啤酒，甚至还可以舒舒服服地抽上几支香烟，爱动的一起去蹦迪、旅行等。她们永远珍惜自己，并努力让自己完美。无论与丈夫多么默契，她们始终拥有一个绝对隐秘的自我空间。

她们自己规划事业、家庭和感情，设计丈夫和孩子。她们对他们的要求和理想是早有想法的，不过她们更注重在生活中逐渐达到自己的目标。她们设计家庭，从房屋装修格局到浴室毛巾的挂法，基本上都是她们说了算，即使是大男子主义的老公，也要因为是老婆的“合理化建议”而有所考虑。她们以自己的天性，时时都在勾画着心中的美好未来。

把自己修炼成阳光女孩

有些女孩，她们能够自在徜徉在幸福的婚姻中，她们就像阳光下的花朵，时刻绽放着自己最光彩的一面。对于这些女孩，我们不能一味地羡慕，也不能简单地说她们运气好。细细分析，你会发现，她们之所以有这种阳光般灿烂的状态，要归之于她们完善的人格以及超强的心理素质。

自信。每天早上起来，梳洗完毕，对着镜子里的那个女孩大声朗诵："我很好，我很好，我是最棒的！"一位心理专家说，这是开发自我潜能的手段之一。有自信的女孩，不会整天张狂霸气，对男人不是把他们压迫在自己的霸权之下，而是活得跟他们一样地舒展、自信。自信，不是自大，自信是相信，也只有相信才会幸福。

灵气。它是女人生命中的亮点，不在于年龄的大小，不在于职位的高低，不在于成熟或者幼稚，不在于稳重或者张扬，那是女孩身上焕发出来的与生俱来的一种气质，是每个女孩都具备的。灵气来源于内涵，来源于感觉和认识，是女孩潜意识中本质的表现。灵气是女孩生命的激素，是女孩情感的助燃剂，是女孩精神支撑的点点基石。更多时候灵气是灵魂深处美好的表现，是一种升华。女孩的灵气是照亮女孩一生的探照灯，更是吸引男人一步一步走过来的指挥棒。好女孩会懂得珍惜自己的灵气，把握自己的灵气。

独立。阳光女孩有完整独立的人格。在经济上，她不依靠任何人，因为她懂得坚实的经济基础可以维护自我的尊严。通过经济的独立，她享受着成就的满足感。在精神境界，她不是某个男人的附属品。所以，即使没有爱情的滋润，仍然活得自在逍遥。相信自己，不用依赖别人也能活得很好。

活力。阳光女孩把全副精神用来打理事业。她们踏实，勤奋，即使只是一份工作，她们也会用对待事业的热忱去经营。做一个有干劲的女孩，不是叫你在事业上和男人斗个你死我活，而是要你问自己：从第一份工作开始，我有没有为自己设定一个奋斗的目标？女孩，要用得体的方法为自己争取到更多。

开朗。脸上的笑容不仅传递着心里的欢愉，也是赠送给世界的一份美好礼物，因为笑容可以传染。新新女性知道幽默，知道自我开解，知道原谅，知道轻松。因为，她把快乐放在自己手心，不系在别人的言行上。

爱美。女孩的美丽不一定天生丽质，但肯定知道如何装扮自己。让每一天的心情跟着衣、妆一起亮丽起来。她们美丽，不为取悦男人，不是虚荣的表现，是女孩热爱生活与维护自尊的表达。

镇定。阳光女孩遇事冷静，临危不乱。她独立，有头脑，有能耐，可以用智慧、用个性魅力征服危难。更难得的是，她懂得在什么时候安慰男人，并且把男人的自尊照顾得很好，赢得他真心的喜爱。

宽容。宽容是一种修养，一种境界，一种美德，更是一种非凡的气度。作为女人，也许很娇贵，也许很单纯，也许很浪漫，但拥有一颗宽容之心，才是作为女人最可爱的地方。然而女人中很少有能够懂得宽容的真正含义的，更难以真正做到宽容。要知道，宽容是需要女人用时间和行动来实现的，那是一种博爱，一种看透人生的淡定。宽容对于一个女人来说是尤为重要的。在长期的家庭生活中，它是吸引对方、维续爱情的最终的力量。它不是美貌，不是浪漫，甚至也可能不是伟大的成就，而是一个人性格的明亮。这种明亮是一个人最吸引人的个性特征，而这种性格特征的底蕴在于一个女人怀有的孩童般的宽容。宽容更多的是爱，在相爱中，爱人应该是我们的一部分。在这个前提下，甚至于婚姻的错误有时也会成为一种营养，它的意义不是教会我们如何谴责，而是教会我们如何避免。宽容，能体现出一个女人良好的休养，高雅的风度。宽容不是妥协，不是忍让，不是迁就，宽容是仁慈的表现，是超凡脱俗的象征，任何的荣誉、财富、高贵都比不上宽容。宽容别人，其实就是宽容我们自己。

幽默。幽默是一种特殊的情绪表现，它可以让你在面临困境时减轻精神和心理压力。人人都喜欢与机智风趣、谈吐幽默的人交往。幽默，可以说是一块磁铁，时刻吸引着大家；也可以说是一种润滑剂，使烦恼变为欢畅，使痛苦变成愉快，将尴尬转为融洽。善于运用幽默可以化解矛盾，消除敌对情绪。她们把幽默作为一种无形的保护阀，使自己在面对尴尬的场面时，能免受紧张、不安、恐惧、烦恼的侵害。幽默的语言可以解除困窘，营造出融洽的气氛。幽默是人际交往的润滑剂，善于理解幽默的人，容易喜欢别人；善于表达幽默的人，容易被他人喜欢。幽默的人易与人保持和睦的关系。幽默不仅能使你成为一个受欢迎的人，使别人乐意与你接触，愿意与你共事，它还是你工作的润滑剂，促使你更好、更快乐地完成工作。这往往是采用别的方法所不能达到的，也是成本最低的一种方法。如果你能够恰如其分地把你的聪明机智运用到智慧的幽默中来，使别人和自己都享受快乐，那么，你就会得到更多喜欢你、钦佩你的人，会获得更多支持和关心你的朋友。做一个懂得幽默的女孩，同时也是有情调的女孩。幽默不仅仅在社交中，生活中一样可以提高你的人气。

方圆有道。阳光女孩的性格外圆内方，在柔情似水的外表下，跳动着一颗坚强的心。她从不摆出一副百毒不侵的女强人的面孔，以为这样就是坚强。她深深懂得，刻意追求的强悍，与女孩真正的内心世界反差太大，是毫无韧性的坚硬。因此，她用最温柔的行为出击，争取最合理的待遇与最合适的位置。而且，她从不像工作狂那样抛弃男人与爱情，她理性地去爱，不依赖爱情，却充分享受它带来的甜美；不控制情感，却把它向美好的目的地引导。

超越自我。身处日新月异的时代，不进则退。阳光女孩明白这点，所以她们不断地充实自我，提升自我的知识和技能。她相信自己一定有天生的优势，并加以后天的努力创造。她比男人更加努力进取，不是对自己没信心，而是比男人更有雄心。

平衡家庭和事业。阳光女孩会在家庭和事业之间求得平衡，眼见险象环生，她忽地来个漂亮翻身，又是一副悠然美态。她不是一个一成不变的角色，她流动在职业女性与贤妻良母之间，什么场次，什么角色，毫不含糊。

女人味。女孩之所以为女孩，因为她们是美丽、漂亮的代名词。发挥你的魅力，让这个世界因你而精彩。“女人味”是一种韵味。它不单单是内在美和气质的表现，也是女孩综合素质的诠释。女孩吸引男人的秘密武器就是适当的害羞，如果你平时像男孩子一样豪爽或是干练的女强人，适当地害羞会让男人觉得你有时也很“妩媚”的。

人生有太多的风雨，很多时候你根本无法预料接下来会发生什么，唯一的应对之道就是让自己随时生活在阳光里，让阳光性格伴你一生。

爱美是女孩的天性

女为悦己者容，千百年来这句话仿佛成了真理。其实则不然，在现在这个社会，化妆是对别人的一种尊重，也是对自己的一种重视，更是体现女孩魅力的绝招。

爱美是女孩的天性，作为女孩，你有权利让自己通过各种方式变得漂亮，不要以为街上的美女、银幕上的明星都是天生的肌肤胜雪、身材婀娜。你是否知道明星每天不管拍戏多累都要坚持卸妆，做皮肤保养，而这些并不需要去美容院，只需要几片水果或者一张面膜就可以搞定。

如果你认为自己皮肤不够白皙，如果你认为自己需要减肥，那你不妨为自己制订各种计划，然后坚持下去。不要以为自己有了老公或者小孩就可以每天蓬头垢面。每天打扮一下自己，打理一下头发，化化妆，你会发现老公日渐暗淡的眼睛也会发出亮光，而你也能在这种自信中找到曾经光鲜靓丽的自己。

女孩就是要让自己美丽起来，在周围的人对自己的满意、欣喜中得到满足。其实打扮不是一件很难的事情，每天出门前打开衣柜搭配一下衣服，化个淡妆，光鲜漂亮地出去社交！其实，打扮的细节最重要了，它最能体现一个女人的品位，有时一件得体的小饰物就能完全展现你的个性。

不要以为自己是居家女孩就可以毫不修饰，要知道，女孩的美无时不可不在，淡淡的妆容也是对别人的尊重。只要你稍微留意，简单的装扮照样能够美出来。千万不要以家务或者工作繁忙为借口而懒于打扮，就像日本的女孩通常都会在老公到家前一个小时把自己打扮得漂漂亮亮的，让老公一进门就有一种赏心悦目的感觉；她们也会在老公睡觉前半小时就沐浴完毕，在床上乖乖地等待老公；早上的时候她们会先于老公半个小时起床，洗漱、化好妆后，把早餐端到老公面前，让自己呈现在爱人眼前的永远是最美丽的一面。

把自己最美的一面展示给他人是很有必要的，因此，时刻展现靓丽的自己，才能赢得人们的尊重。

温柔平和带来高雅气质

女人的美貌，只能征服男人的眼睛；女人的温柔与平和，却可以征服男人的心灵！其实对于男人而言，什么都能承受，什么都可以抗拒，然而，他们最抵挡不住的是女人的温柔，前者除非命中注定，否则一定不会心甘情愿；后者只要一旦遭遇，无论如何也会乐此不疲。

男人们会尊敬在职场上和他们一样打天下的女人，佩服她们的睿智和男人一样地刚强、果断，但是他们很少娶这样的女人做老婆，太强悍的女人会让男人找不到事业上的优越感。男人靠自己的强大征服世界，女人靠自己的温柔征服男人。有人说，女人存在的理由就是因为她具备男人所缺乏的温柔……让自己温柔、谦和起来吧，它的力量是你想象不到的。

大多数的女人们表面上看上去温文尔雅，弱不禁风，而她们一遇到事情常常会暴躁不安，内心波动甚大。而处于婚恋期的女人更甚，她们对待外人往往能够心平气和地以礼相待，而对待自己的另一半往往就缺乏了应有的耐心，遇到事情总是三句两句就将问题复杂化了，吵架打闹自然就成了在所难免的事情。

心理学研究表明，脾气暴躁，经常发火，不仅增强诱发心脏病的致病因素，而且会增加患其他疾病的可能性。

女人发脾气会让自己衰老得很快，还会导致更年期的提前。而有效地抑制生气与不友好的情绪，使自己融于他人，能提高自己的修养。要知道，“生气就是拿别人的错误惩罚自己”，你会做那么愚蠢的事情吗？

每当你想要发脾气的时候，先在心中数十个数控制一下，如果你仍然觉得需要发脾气，那就发吧。当你愤愤不已的情绪即将爆发时，用意识控制一下自己，提醒自己应当保持理智，还可进行自我暗示："别发火，发脾气会让自己多长几条皱纹的。"

勇于承认自己爱发脾气，必要时还可向他人求助，让自己从今以后克服这一毛病。经常发脾气的女人会让男人觉得不可理喻，时间长了也会让人觉得厌烦和恐慌。当一个人受到不公正的待遇时，任何人都会怒火万丈，但是无论遇到多大的事，都应该心平气和，冷静地、不抱成见地分析一下问题。如果是对方的错误，让对方明白他的错误之处，而不应该迅速地做出不合理的回击，从而剥夺了对方承认错误的机会。

推己及人、将心比心。如果任何事情你都能站在对方的角度想一想，那么你就会觉得没有理由迁怒于他人，气也就自然给消了。心平气和是解决问题的办法，更是展现女人高雅气质的利器，不愉快的心情也会随之消失。脾气暴躁的女人很容易让人反感，尤其是职业女人，会给别人一种很浮躁的印象，影响你在别人心中的形象。

温柔是女人的天性，善解人意是女人最大的优点，女人的宽容和善良能化解所有的矛盾和不愉快。女人，控制你的脾气，展现你迷人、大度的微笑，你会发现，没有过不去的坎儿，没有办不成的事。

这样的女人命最好

热情。热情的女人最懂得生活情趣，感情丰富细腻，她们通常体贴入微，纯真大胆，喜欢迎接挑战，尽情探索人生。一个人的愿望能否实现，与他是否能对他们的愿望倾注极大的热情并保持这种热情有极大的关系。如果女人对成功有着强烈的渴望，有着高度的热情，那么，她就一定能够成功。因为高度的热情会使女人的潜能得到充分的燃烧，从而使自己的能力得到极大的发挥。在热情燃烧之下，女人会以无所畏惧、勇往直前的精神去追逐自己的目标，实现自己的愿望。女人一定要对生活有高度的热情，这样才会把愿望点燃，实现自己的成功。

真诚。一个女人的真诚和朴实，具有可以打动人心的力量，也是最会打动人心的东西。生活中真正能亮出自己曾经的甘苦，曾经的伤痛，甚至隐秘的嫉妒和青睐的羡慕的人，他们的真诚是有着穿透人心的力量的！经历了坎坷颠沛和沧桑淋漓的人，要重新开辟自己的人生，不仅需要勇气，还需要有坚强的毅力！大凡其人，有些事情，只有能说出来了，才能在心里真正放下！这其中放下的过程，在其内心也一定发生了我们所看不到的一些甚或更多惊人的变化！

避免冲动。现实生活中，大多数的女人常常会出现这样的情况。本来只是一些鸡毛蒜皮的小事，在别人看来不以为然，而她却犯颜动怒，火冒三丈。为此，经常损害朋友之间、夫妻之间的感情，同时又把一些本来能办好的事情给搞糟，甚至对个人的身心健康、事业成败都造成影响。

不要苛求完美。生活中有很多完美主义者，他们希望自己所拥有的一切都是完美无缺的，但是世界上哪有十全十美的事情，于是他们只能在不完美里哀叹，成为不快乐的人。

追求完美几乎是现代女性的通病，然而不幸的是，有些人以为自己是在追求完美，其实他们才是最可怜的人，因为他们是在追求不完美中的完美，而这种完美，根本不存在。

要求完美是件好事，但如果过头了，反而比不要求完美更糟。世界上有太多的完美主义者了，他们似乎不把事情做到完美就不善罢甘休似的。而这种人到了最后，大多会变成灰心失望的人。因为人所做的事，本来就不可能有完美的。所以说，完美主义者根本一开始就在做一个不可能实践的美梦。过于追求完美，你就会陷入无尽的烦恼中；而放弃对完美的苛求，你却可以过上一种富有意义的生活。怎样做对你更好呢？聪明的你一定会做出正确的抉择。

克服虚荣心理。女人生来是具有虚荣心的，这一点得到了很多人的认同。从心理学的角度出发，虚荣心理是指一个人借用外在的、表面的或他人的荣光来弥补自己内在的、实质的不足，以赢得别人和社会的注意与尊重。它是一种很复杂的心理现象。法国哲学家柏格森曾经这样说过："虚荣心很难说是一种恶行，然而一切恶行都围绕虚荣心而生，都不过是满足虚荣心的手段。"

由于虚荣给人的沉重的心理负担，需求多且高，自身条件和现实生活都不可能使虚荣心得到满足，因此，怨天尤人、愤懑压抑等负面情感逐渐滋生、积累，最终导致情感的畸变和人格的变态。过强的虚荣心不仅会影响学习、进步和人际关系，而且对人的心理、生理的正常发育，都会造成极大的危害。

改变认知，认识到虚荣心带来的危害。如果虚荣心强，在思想上会不自觉地渗入自私、虚伪、欺诈等因素，这与谦虚谨慎、光明磊落、不图虚名等美德是格格不入的。虚荣的人外强中干，不敢袒露自己的心扉，给自己带来沉重的心理负担。虚荣在现实中只能满足一时，长期的虚荣会导致非健康情感因素的滋生。

需要是生理的和社会的要求在人脑中的反映，是人活动的基本动力。人有对饮食、休息、睡眠、性等维持有机体和延续种族相关的生理需要，有对交往、劳动、道德、美、认识等的社会需要，有对空气、水、服装、书籍等的物质需要，有对认识、创造、交际的精神需要。人的一生就是在不断满足需要中度过的。在某种时期或某种条件下，有些需要是合理的，有些需要是不合理的。要学会知足常乐，多思所得，以实现自我的心理平衡。

一个聪明而对生活有所追求的女人都会有虚荣心。的确，适度的虚荣心是可以催人奋进的。所以说，女人们要正确地对待虚荣心，让虚荣心成为一种前进的动力，不要让虚荣心盲目膨胀而导致惨重的代价。

做男人离不开的女人

男人喜欢女人温柔体贴、性感美丽、勤劳能持家……女人总以为男人这样男人那样，为什么不听听他们怎么想？

男人对他们所爱的女人有什么期待？身材、外貌、能力、家世、个性也许都有可能，但一段真诚的亲密关系始于当男方感受到女方“真正爱他”。

当爱情只建立在单方面的需要和感受上时，便好像一个易碎的玻璃球，一经碰撞随即粉碎。然而，当女人能够承认一切感情上的难关，其实是源于彼此试图了解及更喜欢对方时，男人就不再成为两性关系中唯一不体贴及不愿付出爱情的一方。

去“真正爱一个男人”的意思是：避免批评他爱你的动机；避免把他放进性别分类内——譬如挑剔男人总是这样，男人总是那样；去了解他的能力，避免要求他付出超过他所能付出的；避免在关系出现问题时，总是不公平地把责任全推卸到他的身上。

在与数百名男士畅谈他们理想的亲密伴侣后，我们总结了以下的“男人宣言”：

当我提出她使我感到压力时，她能够欣然接受，而不指责我吹毛求疵或不爱她。我希望她能够依我们讨论的方法将彼此关系拉近。

她能承认自己也有自私的一面，我不是唯一以自我为中心的人，她自己对于爱情的付出也有限，甚至有时她只是利用我去满足她的要求；此外，我也不希望她潜意识里隐藏着一些对男人的刻板印象及负面感觉。

她知道沟通应该是双向的。当我们争执后能平静地讨论原因，我希望她知道我的激烈反应有部分是受她影响所致。我不希望被指为是“有问题的一方”或“不懂如何爱人”。

她爱的是真正的我，而不是她幻想中完美的我。我不希望自己只是去满足她的浪漫幻想，因为我知道现实并非如此，结果可能会令她更失望。

她不会因我或我们的关系而牺牲她身边的其他事物，因为她这样做，会使我感到被迫付出多于我愿意付出的。换句话说，我希望我所爱的女人能够了解：当我付出比她期望的少，不一定是我的错。

她能够容许我有自己的意见，不会认为我的意见不当，而强迫改变我。当碰到问题时，她能够与我并肩作战；当我们发生争执时，她能够视它为一种拉近彼此距离的沟通方法，而不会认为我提出问题是在找麻烦。

她不会过分要求我超越自己的能力去令她快乐。我也不希望她改变自己来迎合我，并希望我为她的牺牲负责。她不要只告诉我对我们的关系有任何不满，而是要提出一些如何改善的方法。我不希望老是得猜测她的想法，现在她是否不高兴？当问题出现时，被告知它的存在是不够的；我更希望她与我一同解决问题。

我也许是比较自我的人，但我不希望我的动机被误会；更不希望当我有什么做得不恰当时，就被认为是不重视这份感情。她能够给予我所希望得到的；而不是她希望我得到的东西。她不会过分高估或低估我，我只是一个普通人——有优点亦有缺点，我跟她一样也有脆弱的一面。

相信当女人了解男人在两性关系上所面临的挣扎及传统两性关系日渐改变后，爱情也将更令双方感到满足。事实上，美满的两性关系，不单能令双方都得到健康的生活，而且得以摆脱长久以两性之间“因了解而分离”的悲剧。

同时，聪明的女人们从这份“男人宣言”中，也能发现男人们的需要，能够让自己逐渐变成善解人意的男人生命中那个最满意的那个“她”。只有你真正领悟了这些，并做了一些生活上或者习惯上的改变，你的男人就追着你的屁股后面说：“我这辈子都离不开你了！”

做一个有涵养的女人

女人一定要有涵养，就像男人一定要有宽广的胸怀一样。在这一点上，职场女人由于受到了工作和人际关系的影响，通常都做得很好。

有涵养的女人由内而外都散发着一种高贵、优雅的气质，不论在什么场合都不会由着自己的性子来。好的涵养可以让她们克制自己的不满，冷静下来理智地解决问题，而不是摔门而去，在冲动之下失去本该拥有的机会。涵养是所有女人美丽的底色，居家女人也不例外。

通常喜欢读书的女人就很有涵养。

作为女人，不要总指望自己的每次付出都能够得到回报。生活中充满着诸多的无奈，有些目标并非努力了就能达到。偶尔给自己找个借口，给自己一点宽容，学会用理智控制情绪。理智给女人带来的是智慧，智慧让女人把握住自己。如果女人能够拥有深厚的涵养、非凡的气度，就能在今后的生活中得到更大的回报。

涵养就是控制情绪的能力，而并非软弱。所谓软弱是指无条件的屈服，涵养是指有原则的谦让，指身心方面的修养功夫。相信很多女人会经常陪着你的他参加会议、聚会，在社交场合如果你能给他争来极大的面子，那么相信你的他会更加在乎你、更加欣赏你的。

在参与社交活动时，必须注意仪表的端庄整洁，适当的修饰与打扮是应该的。女人外表固然很重要，但女人真正的魅力要靠一种让人信服的内在气质来体现，这就是内涵。女人味是女人至尊无上的风韵——一个女人长得不漂亮不是自己的错，但没有内涵就是自己的问题了。

书使女人的生活充满光彩，使女人有正确的思想；书能净化女人的灵魂。因此读书的女人看起来都是很有修养的，那种内涵可持续她的一生。

不要穿得花枝招展。在选择服装时，应该精心地挑选，慎重地对待，要根据自己的年龄、身材、职业特征来合理地搭配，这样才会给人以耳目一新的感觉。有品位的服装也会时刻提醒你注意自己的身份和仪表，不管遇到什么突发状况，都能保持冷静。

女人，不能因为性别的优势就得寸进尺，那样反而会让你失去别人的尊敬。应该随时保持应有的涵养，这样才能让你周围的一切尽在掌握。

女人要追求内在的美

同一个人，在不同的场合，会给人不同的印象。决定一个人是美与否，主要不是外貌，而是心灵。一个人的外貌，是无法选择的，而心灵的美，却是可以由自己来塑造的。

一些思想浅薄的小伙子在恋爱时选择女朋友可能只注重女孩子的外貌，冷落一些不算太漂亮的姑娘。但这有什么要紧？失去这样的追求者，焉知非福！只有那些深知你的心而不注重外表的人，才值得你去爱，也才有可能获得真正的幸福。

外貌的美是不长久的。歌德说得很干脆："严格说来，美人只是在一刹那间才是美的，当这一刹那间过去以后，她就不再算得上美人了。"再美貌的女子，也无法牵住逝去的岁月，使红颜不老。而内心的美，却将随着岁月的增加，心灵的日益净化，而越加显示它的光华，受到人们的敬重。

人的很多烦恼是从不接受自己开始的。比如对自己的生理状况不满意：我为什么是单眼皮？我为什么个子矮？我为什么肥胖？我为什么……也有可能对自己的生活经历不满意：我为什么没有上重点学校？我为什么生在平民之家？我为什么没有钱？等等。这都是不接受自己的心理表现。

相貌长得不好，也应该正视和坦然接受这个事实。健康的心理要求一个人对自己保持一种接纳的态度，对自己的一切要坦然地承认和接受，不欺骗自己、不拒绝自己，更不憎恨自己。

从审美的角度看，男孩子特别怕别人说他没有男子汉气概，女孩子最怕别人说她是世界最丑的人。这导致很多人产生心理疾病。有些男孩子拼命地吃增长素，买增高鞋；有些女孩子想方设法地穿时装，涂化妆品。其实，男子汉不是用尺子量出来的，而是靠内在的气质。接纳自己是一种心理状态，与客观环境和本人状况完全无关。有些人天生身体上有残缺，但能正确对待、敢于接受自己，依然乐观，面对人生，能奋发向上；有些人相貌堂堂，五官端正，却并不喜欢自己，最终自误人生；有些人并不富裕，却知足常乐；有些人家财万贯却活得并不快活。因此，一位哲学家在回答“谁是世界上最快乐、最幸福的人”时，说：“那些认为自己是最快乐、最幸福的人。”

人的长相容貌是一种天赋。有着姣好的容貌固然好，如果不具备这种美丽的天赋，也无须自卑，更不应该嫌或怕自己长相丑，因为这是一种客观存在。

一个人长相的美与丑，不是自己所能决定的，而对一个难以改变的事实，常作无益的哀叹，就会使自己陷入深深的自卑情绪中而不能自拔，从而危害身心健康。因此，必须理智地对待现实，承认事实，而不去否定它，才有可能真正使痛苦减轻。如果采取躲避、否定的态度，不仅摆脱不了痛苦，而且还会加深对心理的折磨。

有些人往往对容貌有一种病态的敏感，特别注意别人对自己长相所产生的反应。如脸色、眼神、语气、态度，不仅对直接涉及其长相的谈论反感、愤怒，而且对影射长相的言辞特别忌讳。事实上，一个人的长相无须自我表白，也不必去隐瞒，别人都能看到。如果你躲躲闪闪，掩掩盖盖，反倒会引起别人的好奇心，越对你看个究竟，到时会使你更加难堪。你不妨大大方方坦然相对。对于熟悉了解你的同学和朋友，没什么可忌讳的。而对于不认识的陌生人来说，反正你也不认识他们，即使他们评头论足又有什么可怕的呢？

心理学研究表明，人的长相与人际吸引力有一定的关系，但并不是唯一的因素。对于一般的人际交往，无论是同性还是异性之间，其影响是极其微弱的。此外，在实际生活中，人们对于某个人的长相的评价及其自我评价并不完全一致。如自认为很丑的人，别人不一定觉得他丑；自认为很美的人，别人也不一定认为他美。因为人们对一个人的认识与评定，不完全取决于他的长相，尤其是彼此熟悉和了解的人更是如此。只有在对那些不了解的陌生人才孤立地从容貌上去考察和评定。对于一个人的评价只看外在的长相是不够的，更主要的是看其内在的心灵。如果一个长相丑的人有着美好的心灵，那么他在人们心目中的印象并不比一般只有漂亮长相的人差。

常言勤能补拙，相貌不佳可发挥自身的其他优势来补偿不足。如生活中许多相貌不佳、生理有缺陷者学习成绩优异，事业有成就，或品德高尚，具有人所不及的品质和才能等，这样，由于“晕轮效应”的作用，人们不仅没注重他的相貌，反而只看到了他的长处。可见，在生活中创造成就，拥有智慧、能力，培养高尚情趣是弥补自身缺陷的最有效的途径。

年轻的女人是娇艳的花朵，但女人不可能一辈子年轻，然而却能够通过自身的努力，使自己一辈子充满青春的活力，永远吸引别人艳羡的目光。

做一个远离烦恼的知性女人

知性女人，就像一句广告语：有内涵，有主张。她可以无视岁月对容貌的侵蚀，但绝不束手就擒，任容颜衰老下去。她可以与魔鬼身材、轻盈体态相差甚远，但她却懂得运用智慧的头脑把自己打扮得精致而有品位。

曾经有人给“知性美的女人”下了这样一个定义：知性就是那种成熟、理智、睿智、大气的女子。她们通常在事业上有很好的发展，但又不同于世俗中的那些女强人。知性女人充满着知性的柔和魅力，她们感情丰富，清楚自己需要什么，内心少了一份茫然和焦躁，无意中透漏出一种经历岁月磨炼过的魅力，感性却不张扬，内敛却不失风趣，典雅却不孤傲。

虽然“知性女人”看上去要求比较多，但做这样的女人并不难。如果你大力充电，增加学识，修炼魅力，你也可成为让人崇拜的知性女人。

现代女性拥有自己的人生价值观，培养独立的生活情趣和个人爱好是十分必要的。情趣可以透过外在美多层次地表露出来，有助于增强自己的吸引力。

现代女性如想维护自身的魅力，应该学会自我测试心理情绪的变化，自我调剂心理不适状态，自我检查身心健康水平，自我观察容颜美的程度，自我改善情趣，自我补偿年龄增长的反差，自我纠正身体不完美的部分，自我增强健美的意识。

知性女人是成熟的，理性的，智慧的，大气的。在事业上，她们有很好的发展，充满知性的柔和魅力，上得厅堂，下得厨房；感情丰富，极具女人味，清楚自己需要什么；她们谈不上饱读诗书，但书是她们最好的伙伴和精神粮食，因为这样的女子才有内涵；在生活中，她们有自己的主见和态度，为人处世，面面俱到；她们懂得在这世俗的世界为自己留下一片纯净的天空。

总之，现代女性如有美好的心灵、充实的学识、健康的身体、雅致的装束，其风采魅力将令人如沐春风，令人陶醉。

做个遇事冷静、有理智的知性女人，会让你远离烦恼，会为自己在生活和交际中加分。

善良的女人最幸福

每一个女人身上都不乏善良的基因，这是上天赐给她们最好的礼物。所以女人要想自己的命运好，千万不可自私自利、冷漠无情，你应该多学着去帮助别人。有时候帮助别人是在做长期投资，在竞争日益激烈的社会里，多种下一分善因，你也就会多一分收获。

“助人就是助己。”请相信这一点，这样做了，你就会体会到它的妙处。

有一对年轻夫妇，原本在同一个工厂上班，几年前，由于经济不景气，工厂面临着倒闭，两个人先后下岗了。好在夫妇俩平时待人就好，在街坊邻居中极有人缘，下岗不久，便在朋友们的帮助下，在小镇的商业街开起了一家火锅店。

火锅店刚开张时，生意较为冷清，全靠朋友和街坊邻居们关照。后来，由于夫妇俩的忠厚老实和热情公道，小店渐渐开始有了回头客，生意也一天一天地好了起来。

也许是女主人慈悲善良的缘故，几乎每到吃饭的时间，小镇上行乞的七八个大小乞丐都会相继光顾这里。食客们常对主人说：“快把他们轰出去罢，这些都是填不满的‘坑’!”这时女店主也总是笑笑回应说：“算了吧，谁还没个难处，再者你看他们风餐露宿的，也很不容易啊!”

人们常说，这两口子太善良了，从未见过小镇里其他店主能够像他们那样宽容平和地对待这些乞丐。若是其他店主们，一见到乞丐上门，就会扯下原本微笑的脸来，严厉地呵斥辱骂。而这夫妇俩则每次

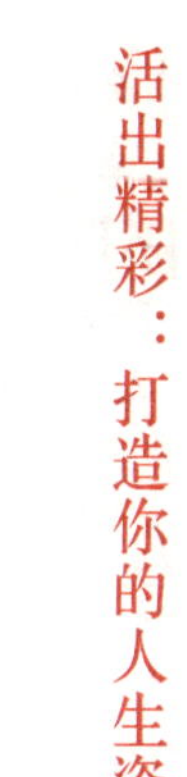

都会微笑着给这些肮脏邋遢的乞丐高举到面前来的盆盆罐罐里盛满热饭热菜，而且这些施舍又多是从厨房里取出来的新鲜饭菜。更让人感动的是，在他们施舍的过程中，没有丝毫的做作之态。他们的表情和神态十分亲和自然，就像他们所做的一切原本就是一件分内的事情似的。

一天深夜，服装市场里一家从事丝绸生意的店铺，由于打更老人早早睡去而忘记将烧水的煤炉熄灭，结果引发了一场大火。丝绸、化纤、棉麻制品，市场里所有的物品几乎都是易燃的，加之火借风势，眨眼的工夫整个市场便成了一片火海。

这一天，恰巧男主人出去进货，店里只留下女人照看。一无力气二无帮手的女店主，眼看辛苦张罗起来的火锅店就要被熊熊大火所吞没，心急如焚。这时，只见那班平常天天上门乞讨的乞丐不知从哪里钻了出来，在老乞丐的率领下，他们冒着生命危险将一个个笨重的液化气罐马不停蹄地搬运到了安全地段。紧接着，他们又冲进马上要被大火包围的店内，将那些易燃物品也全都搬了出来。消防车很快开来了，火锅店由于抢救及时，虽然也遭受了一点小小的损失，但最终给保住了。而周围的那些店铺，却因为得不到及时的救助，早已变成了一片废墟。

火灾过后，人们都说是夫妇俩平时的善行得到了回报，要是没有这些平时受他们施舍的乞丐们出力，火锅店恐怕要变废墟了。

佛教讲究善恶轮回、因果报应，其实拿到现实生活中来，这种所谓的“因果报应”只不过是心存感激的受惠者对施惠者的一种报答而已。

而从另一个角度来讲，助人的同时，也可以培养自己的实力。正如人们常说的：“帮助别人往上爬的人，一定会爬得更高。”

美国的一个州，每年都举办玉米品种大赛。有一个农妇的成绩相当优异，经常是优等奖的得主。她在得奖之后，总会毫不吝惜地将得奖的种子分送给街坊邻居。

有一位邻居很诧异地问他：“你的奖项得来不易，每季都看到你投入大量的时间和精力来做品种改良，为什么还这么慷慨地将种子送给我们呢？难道你不怕我们的玉米品种因而超越你的吗？”

这位农妇回答：“我将种子分送给大家，帮助大家，其实也就是帮助我自己！”

原来，这位农妇所居住的城镇是典型的农村形态，家家户户的田地都毗邻相连。农妇将得奖的种子分送给邻居，邻居们就能改良他们玉米的品种，也可以避免风在传播花粉的过程中将邻近的较差的品种转而传染给自己，这样这位农妇才能够专心致力于品种的改良。相反地，若农妇将得奖的种子私藏，则邻居们在玉米品种的改良方面势必无法跟上，风就容易将那些较差的品种传染给自己，她反而必须在防范外来花粉方面大费周折而疲于奔命。

就某方面来看，这位农妇和他的邻居们是处于互相竞争的态势；然而在另一方面，双方却又处于微妙的合作状态。事实上，在当今世界，如此既竞争又合作的关系日益明显。

所谓“赠人玫瑰，手有余香”，付出总会获得一定的报偿，一心只顾着自己不肯帮助别人的人，在社会上很难立足，因为没有众人的支持与帮助，一个人就很难在这个世界上立足。

有修养的女人品位最高

在人际交往中，根据交往的深浅程度，我们将人的形象分为三个层次：对于那些只知其名未曾见面的人来说，一个人的形象主要与他的名字相关；对于初次相见只有一面之交的人来说，他的形象主要和他的相貌、仪表、风度举止相关；对于那些相知相交很深的人来说，他的形象更多的是与他的品行、文化、才能有关。可见，第一印象是由人的相貌、仪表、风度举止等综合因素形成的。所以，留给别人良好的第一印象，是成功的前奏，因为交往的第一印象具有“首因效应”，并会形成较强的心理定势，对以后的信息产生指导作用。

因此，作为一个女人，对“第一印象”应予以高度重视，要充分利用“首因效应”，不仅仅懂得依靠漂亮的五官、健美的身段及得体的服饰等这些表象的东西，更要会以优雅的举止、熟练的礼仪作为手段，对自身的形象精心设计，展示自己充满魅力的女性风采。因为只有二者的结合才使人更有教养和风度。

假如一个女人天生丽质、貌若天仙，如果她整日浓妆艳抹，全身名贵饰品，充其量人们只会承认她阔绰，而决不会称道她的“品位”。而一个女人如果讲究礼貌、仪表整洁、尊老敬贤、助人为乐，如果她的一言一行与礼仪规范相吻合，人们定会对她的教养与风度称道。

如果一个女人只能做到金玉其外而胸无点墨，那就只是个绣花枕头。这样的女人也许可以给人留下一个美好的第一印象，但却无法将这种好印象持续下去，甚至可能在开口的一瞬间就将它破坏殆尽。一个女人如果有很好的外在形象，又举止文雅，言行得体，那么一定能赢得每个人的赞许。

一个行为有度的女人，会让他人觉得舒服；而一个谈吐不俗的女人，更会让他人如沐春风。这些良好的感觉不是建立在一个人的着装如何名贵华丽上的，它完全源自于女人对待他人、他物的态度。

我们经常会听到一些女人抱怨生活多么不幸，男人多么可恶和无情，很少有女人会反省自己的问题。当疲惫了一天的男人回家后，看到一个邋邋遢遢的爱人，那些恋爱时期的爱的心情还可能会依然存在吗？

其实，无论是银幕上还是在真实的生活中，让人着迷的往往不是漂亮的女人，而是那些得体优雅、懂礼仪、有教养的女人。讲究仪表修养的女人具有高贵的气质，温柔典雅的女人能散发迷人妩媚的气息，彬彬有礼的女人能使自身的美焕发出一种特殊的力量，而这一切是雅致、和谐和仁爱的总汇。

一个女人的魅力，包括了她日常生活的全部，一举手、一投足、一颦一笑都以仪表和仪态的形式表现着。为什么漂亮的女人随处可见，而举止优雅、仪态万千的女人却很难看到呢？那是因为美貌可以借助美容和外科手术刀速成，而礼仪素养的培养需要用一生去坚持。今天这个社会，什么都被加速度，而女人们却变得很少会有这份耐心去修养、修炼，那么试想我们的后代，我们的未来，在这一代丢失礼仪素养人群的影响下，会变成什么样子？

那么就从现在开始，学习做女人的礼仪，你会养成挥之不去的习惯，那便是优雅的枝叶。要提醒你的是，礼仪不是用形式，而是好好用心。

自我肯定是由内至外散发出的一份自信，绝不是孤芳自赏，更不是自恋，这份信心能令女人在为人处世上从容、大度，不陷入世俗的旋涡中。自我肯定的主要内容是自我欣赏。

得体的装扮、优雅的举止、丰富的见识，这些无一不透出女人高贵的气质和个人魅力。能正确自我欣赏的女人，大多受过良好的教育，聪明灵慧，她们出类拔萃，既不会盲目自卑，也不会盲目自大。

懂得自我肯定的女人光彩照人，落落大方。但灿烂的笑里仍有一股凛然高贵的气息，让男人们仰慕的同时又有些敬畏。需要注意的是自我欣赏不能过火，更不要堕落成自恋狂。要知道，一个完整的贵气女人，仅仅拥有外表的高贵是远远不够的，它更需要坚实的内在因素做后盾，这就是良好的文化修养。

现代社会是知识极速更替的社会，新知识以极快的速度取代旧知识，如果不及时摄取营养，你很快就会变成一个营养不良的“生锈”女人。

摄取营养的方式很多很多，不只是单纯的看书、学习。比如上网浏览、交流，欣赏一部出色的好电影，经常翻阅一些出色的报纸杂志，学学电脑和英文。只有不断地加强营养，女人才能在绚丽的生活中游刃有余、潇洒自如，生活也将因此更加丰富多彩。

要注意的是：只能让“营养”丰富自己的气质，切不可成为一个学究气的古板女人。

气质好的女人绝对是个懂得打扮自己的女人，因此，从头发的样式、护肤品的选用、服饰的搭配到鞋子的颜色，无一不需要细心地面对。从头到脚的细致，当然是需要花很多的时间和心思的，因此，要想做有高贵气质的女人就必须从做细致的女人开始。可别小看了细致，也许仅仅因为指甲油的颜色不合适也会导致前功尽弃。男人们说过，对一张细致的脸说话要比对一张粗糙的脸说话要耐心得多。尽管男人说出这样的话使大多数女人不满，但这又确实是不争的事实。因此，女人的脸部呵护是极为重要的。护肤品的选购和应用绝对不能偷懒，因为它关系到女人的“面子”工程。

打扮自己不单是一种美化自身的行为，也是净化心灵的一种极重要的方式，同时，对减压也有一定的效果。因此，拥有高贵的气质女人的第一要点是忙中偷闲的生活方式。但应注意，贵气的打扮要点在于精致中不露痕迹。装饰一定要恰到好处、点到为止，千万不可弄得一身“矫揉造作”之气。

你的魅力决定你的未来

在当今社会中，个人的魅力，是一个人最为外在也是最为主要的一种表现形式，它是指在人际交往中，影响和改变他人心理和行为的一种能力。个人魅力是一种人品、能力、情感的综合体现，有这样魅力的人大都能口吐莲花、妙笔生花，你和他相处时间长了会对他产生一种认同、信服和崇拜，这样的人是人中的蛟龙，他的智商和情商都是一流的，知道怎样处世，更懂得怎样为人。假如你和他相处不需提防，不怕穿小鞋，他有睿智的头脑，敏锐的洞察力，你的小肚鸡肠他能宽容，你的虚情假意他洞察入微，使你不能、不敢、不想对他有二心，这样的人你可托付一切！你和他不在距离的远近，而在心的靠近。

在一个企业、组织或一个部门、团队中，起主导作用的应该是经理。如果这位经理无法有效地影响或改变他的下属，就很难发挥领导功能，群体目标也很难实现。因此，职业经理人首先应建立起自己的魅力。

魅力增强你的领导效果：个人魅力能使你成为一位更强有力的领导者。富有个人魅力增大了你被提名进入领导岗位以及你在这一职位上变得富有成效的可能性。个人魅力与领袖气质是密切相关的。富有魅力可以帮助个人实施作为领导者应该做的主要工作：说服、鼓舞、影响、激励别人并且使他们接受你的观点。这就是个人魅力对领导效果所起的一般作用。能增强领导效果的魅力的其他方面，还有诸如情感的表达，具有领袖气质特点等。

魅力让你有目的地影响他人：个人魅力最引人注目的优点是它能提高你影响别人的能力。当人们认为你这个人很有魅力时，他们更有可能采取你所建议的行动步骤。许多人说过要是有一位富有领袖气质的经理，“我会以我的职业生涯做赌注，一心一意为他工作”。这种情况下以事业做赌注意味着这个人将放弃一份相对安稳的工作来和这个经理一起开始一个新的企业。

魅力帮你拥有人脉：人脉网络的形成对把握职业生涯（包括成为一位具有影响力的人）来说是很重要的策略。建立网络以及在需要时寻求支持的能力有助于一位经理或专业人员施加影响。一家银行的分行经理在他需要拓展业务空间时利用了他可以仰仗的人员网络，他首先要影响的目标是他的顶头上司，但是他还得影响他的网络成员。

魅力帮你建立权力基础：与个人魅力在影响他人方面的优势密切相关的是建立你的权力基础。拥有权力使人更容易施加影响。有了个人魅力，加上拥有其他的有利条件，人们就可取得权力。即使你要依靠其他的技巧——比如像认识合适的人来取得权力，魅力也能够帮助你运用那些技巧。

在工作中，如能很好地做到以上几点，那么对于我们个人的魅力提升将会起到非常大的作用。富有个人魅力可以增强你的形象，从而使你更加引人注目。

慢慢你会发现，你的下属不再难于管理，你的同事会更加愿意亲近你，你的领导也会更加信任和重用你。

一个简单而有效的影响别人的方法是用魅力去影响他人。你通过个人魅力来领导或者影响他人，可以通过个人魅力来传播企业文化的某些方面。作为领导，你可以通过你自身的魅力来传播价值观和传达各种期望。那些显示忠诚、作出自我牺牲以及承担额外工作的行为特别需要用个人魅力去带动。

第 2 章　感性做人，智慧做事

超越束缚才能使心灵成长

执著于某一件事情，而轻视其他事物是卑鄙的，智者称它为“束缚”。没有贪爱和憎恨的人，就没有束缚。飞蛾总以为有光就有希望，于是义无反顾地直冲火焰；蚂蚁总以为自己的嗅觉决定一切，于是经常回转原地……我们面对动物们的愚蠢行为，不忍发笑，而我们人类自己又何尝不是经常被所谓的思维束缚而停滞不前呢？百世沧桑，多少有才之士因思维被束缚而无所作为；人世千年，又有多少豪杰之士因不能冲破束缚而埋没于芸芸众生之中？

贪心是最猛烈的火，憎恨是最坏的执著，迷惑和错误的见解是最难逃脱的网，爱欲是最难渡过的河流。一个人应该舍弃愤怒，剥除傲慢，超越所有的束缚。不执著心灵和物质的人。内心可以得到真正的安宁，不受外在的影响。聪明的人说：铁、木头和麻绳所做成的枷锁，并不是坚固的束缚，迷恋珠宝、耳环、女人才是最坚固的束缚。所有的欲望，只有小小的甜味，而却隐藏着相当多的苦恼。沉溺在爱欲的人，宛如兔子困在牢笼里那般惊恐，为束缚和执著所缠绑，长期受苦痛的折磨。被不正确的思想困住，爱欲强烈、贪图感官享乐的人，欲望便加倍地增长，束缚也因而更坚牢。

站在历史的岸边观看历史的长河。武则天冲破封建男权的束缚，由才人到嫔妃，由皇后登上九五之尊，一统天下，成当几千年中国历史中唯一一位女皇帝。因为她坚信自己有非凡的治国之才，坚信并不只有男人才能成就霸业，她无视封建礼教，让千万男人臣服于自己足下，也让众多所谓的才能之士汗颜！

在现今竞争日益激烈的社会中，我们更应该冲破心灵的束缚，超越自我。只要拥有创新精神，就能成就辉煌的人生。人生充满挑战和机遇，很多时候，是上天宠幸我们，让机遇降临在我们身旁，而我们却因摆脱不了思维的束缚而与之擦肩而过。当我们挣脱了心灵的束缚，我们也能如武则天，如曹操一样，创造奇迹；反之，则只能平凡于大千世界，在原地徘徊。

无论职位高低，也不管年龄大小，每个人都会陷入一种自以为是的思维怪圈之中。一种错误思维可以使一个人在错误的沼泽中越陷越深，而消极的自我心理暗示更是让陷入困境中的人难以自拔。当我们在不觉中受制于一种思维定式后，如果不进行积极的自我超越与改变，就很难使自己获得突破，迎来更好的发展。超越心灵的束缚是一种向前走的勇气、信念，即使坎坷前面还是坎坷，沙漠之外还是沙漠，森林外边还是森林，我们都应该坚持不懈地走下去。

以直率之心坦诚做人

在日常工作和生活中，当我们面对繁杂的人或事，有时会感到无所适从、左右为难，此时就需要我们具备为人处世最关键的几种能力，即做人、识人、善交际。

人应该活得真、善、美。不虚伪、不做作、直率、坦诚，这是真；以同情之心待人，以恻隐之心爱人，这是善；沟通心灵和仪表，融合人类与自然，这是美。以真、善、美的品位做人，其乐无穷。

一个人在特定的思想品德、道德情操支配下表现出来的举止和行为，别人都能看得一清二楚。通过察言观色来揣摩对方的行为，可以捕捉其内心活动的蛛丝马迹，以及探索引发这类行为的心理因素。

社交的基本点是真诚，一个人只要行为真诚，总能打动人心，对方即使一时不了解，日后也会了解的。耍手段，绕圈子，躲躲闪闪，反而容易叫人疑心，倒不如光明正大，实话实说，敞开心扉给人看，对方会感到你信任他，从而消除戒备心理，也把你当成知心朋友。与人打交道时，用诚信取代防备，能获得最好的结局。

从前，有一位宽厚仁慈的老国王。他没有子嗣，眼看身体一天天不行了，王位却无人继承。有一天，他想出个办法，决定在国内挑选一名诚实的孩子作为自己的接班人。告示贴出后，家长们护送孩子纷纷涌入王宫。老国王拿出许多花籽儿，分发给每一个孩子，并对他们说："谁能用这种子培养出最好看的花朵，谁就是我的继承人。"

所有的孩子都在大人的帮助下，播种、浇水、施肥、松土，不分昼夜地看守，照顾得十分周到。其中有个叫雄日的孩子，他整天用心培育花种，但10天过去了，半个月过去了……花盆里的种子却没有发芽。他很纳闷，就去问母亲。母亲说："你把花盆里的土换一下，看看行不行？"他这样做了，但后来的情景和先前一样。

一转眼国王规定献花的日子到了，其他孩子都捧着鲜花盛开的花盆涌向王宫，排成长队，等待国王的奖赏。只有雄日捧着没有花的花盆站在大门旁，默默地低头哭泣。然而，国王对那些捧着开有鲜花的花盆的孩子看都不看一眼，径直来到雄日面前，问他为什么捧着空花盆。雄日觉得自己很笨，哭得更厉害了，边哭边说出了自己如何精心培育花种，最终却无法让种子发芽、开花的经历。

国王听完，欢喜得流下了眼泪，握着雄日的手，说："我的孩子，你是最诚实的，你就是我要找的人。你不知道，我发给大家的种子都是煮熟了的，根本发不了芽、开不了花。"后来雄日成了王位的继承人。

雄日之所以成了王位的继承人，是因为他做人直率坦诚。直率坦诚是一种美好的品德，是一个人能够赢得他人赏识与敬佩的重要因素之一。

那么在工作中，我们应该问问自己够直率坦诚吗？如果认真审视自己，我们所有人都难以肯定地回答，我们从来都做不到真正完全地直率。更多的人会发现，在工作中，我们是如此地远离直率。直率，就是我们能够敞开、坦白、简单直接地表达我们的观点、想法与建议。直率的对立面就是有想法但不说，或者说的不是真的想法。很多时候，尤其对于高层管理人员，思想当属于重大贡献。直率就是个体为组织贡献自己的想法。在直率的组织里，人们可以开放地阐述各自的想法，能有更多的想法被放在一起讨论，最终组织可以获得共同的学习与提高。

领导最不能容忍的是那种说话吞吞吐吐、转弯抹角的人。你的地位越高，你就越不能容忍。高级总裁们说话总是开门见山、直截了当，他们希望别人也这样。你必须直率、诚实、坦率，一是一、二是二，毫不含糊。千万不要歪曲事实、转弯抹角、偏离正题或者要花招。

你的坦率真诚的谈话往往会得到其他人或同这项工作有关系的人的赏识。坦率并不一定会惹人讨厌。如果你给老板留下一个夸夸其谈的印象，那么，你得做出巨大的努力，才能消除这个看法。反之，如果你的谈吐实实在在、简单明了，而且很有风趣，人们都会乐于跟你打交道。

直率意味着不同的意见，甚至冲突。对一个团队来说，不同的意见，甚至冲突正是团队相对于个体的价值。因为每一位团队成员都是独特的，不同的个人背景、能力构成、性格特征与思维模式，高效的团队能够融合所有成员的差异，形成最大的合力。只有通过对不同意见的沟通，甚至是争论，才能获得对事实更加正确的理解，有利于做出正确的决定。世界之大，无奇不有，在这个“好人不多，坏人不多，不好不坏的人最多”的社会阶层中，那种从骨子里就喜欢“鬼扯”的人最拿手的戏法就是“见人讲人话，见鬼讲鬼话”，或者一句美丽动听的语言辞藻可以对一个“傻女人”、“傻男人”讲过以后再重复讲给一百个“傻人”听。他可以指责别人所犯的错误，但当同样的错误在自己身上重现，当别人质问其人时，他又能自圆其说地将其解脱。任何时候，能遇到坦荡、直率、真诚的知己、朋友都是人生之一大快事，而要遇到不是直率之人，那将是人性的灾难。

善于运用心灵的力量

心灵是我们生命的源泉，我们的心灵之中蕴藏着无穷的力量。我们的心灵蕴藏着无比巨大的潜能和动力，心灵成长和开发得越多，我们的能量就会越巨大，心态和身体就会更健康，获得成功的机会更大。因此，一个人的成功并不来自于物质的表现，而是来自他心灵具备多大的能量。

心灵拥有足够的能量时，我们的肉体和心灵是一致的状态，能够把人一切正面的潜能充分地调动和发挥出来，并表现出积极、乐观、宽容、智慧、目标明确、脚踏实地、坚忍不拔，能够面对人生任何的状态和考验，是一个充满了魅力的博大、睿智之人。如果你认为你是出色的，那么你就是出色的。你相信自己能飞得很高；你要相信自己能做得最好。在生活的战场上，并不总是强壮或聪明的人取胜。但是最终取胜的人，一定是那些善于运用心灵力量认为自己能胜利的人。

只是我们每天都忙忙碌碌，很少停下来思考。我们总是只顾着拼命地从外界索取，我们只顾着在别人的故事里抹着自己的泪，但我们忽略了自己，忽略了自己的心灵力量，忽略了真正属于自己的东西。只有把心之门打开，阳光才能照进来。而要做一个快乐的自己，首先得认识你自己，做一个真实的自己。看清我们自己，看到心灵的力量，运用我们心灵的力量，开发我们的潜能。若非要说这个世上有着神灵的话，那么它不会是别人，只会是你自己。只要你掌握心灵的力量，学会释放它，你就是不可替代的神。

心灵的力量不同于科学、哲学与宗教，每个人都是悉足自给的宝库，但我们往往把钥匙遗失。心灵不需要实验，不强调逻辑，更不是牺牲。

首先它来自于你对自己的信心。无论这种信心在别人眼里是多么可笑，你都不能放弃它。它能让你强大，真正成为人本身。在喧哗的人声中，你可以悠然踱过。

心灵的力量其实就是敏感的直觉，在混乱中迅速把握唯一。任何问题都有无数答案，但也只有一个真正回答了问题本质的答案。它与时空无关，与知识无关，与经验无关。它超脱一切现象本身，它自在地存在。我们所要做的就是感知它，了解它，使用它。

一朵花开了。科学能告诉我们这朵花的形状颜色与生长过程。哲学试图告诉我们这朵花有什么意义，它为什么要这样开放。宗教则对我们说，要接受它们的存在，要去欣赏它的美，因为它是神迹。而心灵的力量则会告诉你，你就是花，花就是你，无论美丑，都是生命汪洋中的一滴。

把手按在自己胸口。你能感受到什么？一只手？手掌与胸膛间的心跳？知识妨碍了你的感受。你没有彻底放松你自己。把自己忘掉，闭上眼。自己不再存在，你所要去感受的地方只是一片温暖。这温暖就是心灵的力量。

比陆地更大的是海洋，比海洋更大的是天空，比天空更大的是心灵。未来的竞争不但是知识和创新的竞争，也必将是心灵力量的竞争。心灵提升是未来人类必需的智慧和能力，因为未来的世界是属于心灵强大的人。

现代的社会物质越来越发达，科学越来越进步，人们对成功的理解往往通过金钱和名利来衡量。然而，在你的拼搏和努力过程中，我们发现，我们完全在听从肉体的摆布，追随的是大众的信仰，人们开始疲惫、浮躁、情绪化、空虚，高压力生活的结果是对自我肉体的极大的放纵甚至是破坏，以此来获得不健康心理的片刻补偿和平衡。金钱和权力变成了最大的目标，自我空虚、失去方向、纸醉金迷、放浪形骸等现象越来越多的在现代人的身上表现，最后，尽管满足了对金钱的欲望，我们终究发现自我是如此地空洞和可怜，因为我们无奈地发现，一个人生存的意义和目标绝非是这些，我们最需要的是内心的充实和懂得爱与被爱的心。

当一个人从来没有管住过自己的心灵，心灵与肉体将处于一个不平衡的状态，这是造成人出现一切负面行为、心态和情绪的根源，这样的生命缺乏意义并且是极为脆弱的，容易被折断的。因此，一个人的成功并不来自于物质的表现，而是来自他心灵具备多大的能量。他们会通过自己的努力完成自己的理想和目标，同时为他们带来财富，财富不是他们的唯一目的，而是他们用自己的能力获得的价值。

人类的物质文明已经达到了超乎想象的高度，但是我们的精神和心灵却处于极度的缺乏、饥饿状态，未来的世纪是属于心灵发展的，在美国，已经有越来越多的卓越、杰出的人士在研究和学习关于心灵提升的知识与课题，包括美国总统，成功的商人、好莱坞的明星、体育界的明星等等，他们更加的关注自身内在的心灵成长，了解生存的意义，打开自我心灵之门，提升自身心灵能量，学会珍爱生命，为社会做出更大贡献和价值，获得生命带来的愉悦。心灵提升是未来人类必需的智慧和能力，因为未来的世界是属于心灵强大的人，我们将因此开创一个更高层次的、崭新的人类文明的旅途。

用简单生活雕刻人生

如今，都市里开始流行减法生活。所谓的减法生活就把生活尽量简单化，因为不停地追逐，不断地索取已经让人喘不过气来了，是该抛下重负回归简单的时候了。简单生活是指我们可以利用简单的工具完成我们的工作，同时是指我们的生活态度应该简单一些，应该单纯一些，主要是对物质的要求简单一些。

有人喜欢奢华而复杂的生活，而有的人却喜欢简单甚至是返璞归真的生活。当人性中的浮躁逐渐被时间消解了的时候，人们似乎更喜欢过简单的生活。

衣食住行一直是人们企图高度满足的四个方面，只是眼下总有一些人不仅对物质的要求变得简单，诸如住简单而舒适的房子，开着简单而环保的车……而且当他处理工作的时候，也在追逐简单而实用的方式，用现代科技带给现代人的简单工具改变着自己的工作和生活，并从这些简单中得到无限的乐趣。

人生总是随着环境的改变而改变，人可以改变环境，环境也可以改变人。每个人总是在不断的改变中改变着一切，变是绝对的，不变是相对的。审时度势、因时而宜、随乡入俗、顺其自然，说的就是要随时间、地点、人物、空间的改变而把握好自己的人生。如果我们不认清这一点，不把握住自己，不严格要求自己，等到颓废了，就后悔莫及了。因此，对于这种容易循序渐进、潜移默化的人生蜕变，我们一定要高度警觉，防患于未然。

人来到这个世界上，从说话、吃饭、走路开始学起；上学的时候，要学习认字、写字、读书等文化知识；参加工作后，要学习融人社会的知识、学习职业本领、学习实践经验。成人、成家以后，要学会如何为人父母，如何兴家立业，如何尊老敬贤。从某种意义上说，人的生命质量如何，人的生活质量如何，都在于学习。只有学习才能圆梦，不学习就只能做梦。因此，学习要持之以恒，学习要伴随终生。就是为“生存”而学，为“生活”而学，为“生长”而学，为“生命”而学。我们只要掌握了为“四生”而学的艺术和本领，人生就会精彩，事业就有作为。

每个人只是这个世界、人类当中的一个元素而已。单个元素是难以存活的，只有元素的聚合才能存活和繁衍，而这个聚合又非常不易。天下没有相同的两片树叶，但不同的树叶可以共生在一根树枝上；不同的动物虽然一方面弱肉强食，另一方面却可以共生在一片森林里；不同的民族虽然有不同的文化，却可以共存在一个世界中。根本的原因就在于包容，只有包容才能共生、共荣、共存。每个人都需要别人包容，都应该学会包容别人。虽然高山、海洋、天空、大地、宇宙都很博大，但是比高山、海洋、天空、大地、宇宙更博大的则是人的胸怀。每个人都要把自己的心彻底放宽，让心柔软，让心博大，让心淡泊，能容天下难容之事，不再像眼珠里不能包容一粒沙子那样狭隘。我们生活在社会当中，在矛盾面前我们要学习蚯蚓的精神，能进则进，能退则退，能伸则伸，能屈则屈，能刚则刚，能柔则柔，能有则有，能无则无。与人交流，与事交往，与天交道，在这个“三维”空间里运动，必须要有宽恕、容忍、不计较、不固执、不嫉妒、不仇视的健康心理，把嫉妒和仇视记在心里的人，最终酿成祸患，伤害自己，伤害生命。我们都要有宽容之心、包容之心，善待自己、善待他人、善待世事、善待自然。

要有感恩的心态。没有感恩的人生是悲哀的，不知道感恩的人是自绝的，所以我们要知道感恩生命。花儿谢了可以再开，小草枯了可以重荣，春天去了可以又来，但人的生命一旦失去就不可再来。生命在一分一秒的跳动中慢慢变老和消失，能够存活下去，我们应该倍加珍惜。要知道感恩父母，就是感恩父母的生育、养育之恩。要知道感恩老师。没有老师的培养教育，我们就不能成长进步。要知道感恩生活。生活中固然有酸甜苦麻辣，但生活特别是艰苦的生活让我们学到了生存的本领和知识，让我们变得更加聪明，更加成熟，更加理智和坚强。要知道感恩挫折和困难。挫折无处不在，困难无时不有，是挫折让我们变得聪明，是困难让我们意志坚强。要知道感恩朋友。“一个篱笆三个桩，一个好汉三个帮”。人来到这个世界上，谁都不可能孤立存在。一滴水瞬间就被蒸发，但融入大海可以永生。我们能够生活下去，就要感恩我们身边的人，感恩身边的事。

社会的公平是相对的，人与人之间的差异是永恒的。有人把苦难当幸福，但有人把幸福当苦难。有的人生活在幸福当中不满足、很痛苦，而有的人在痛苦当中感到很幸福、很满足。人心能够平静如水，就能事事心平气和。每个人都要学会大道至简，学会雕刻自己手中的人生，要多想别人之长、常思自己之短。用一颗感恩的心，才会我爱人人，人人爱我。对待困难、矛盾、挫折、名誉、地位、事业、待遇、同事和朋友，就会有一个平衡的心态。只要我们学会雕刻自己的人生，就会孜孜不倦地、兢兢业业地珍惜生活、珍惜生命、珍惜我们身边的一切。

节奏紧张的现代社会，各种各样的压力让人苦不堪言。本着简洁的理念、率真的态度，从容面对生活，探究删繁就简、去芜存菁的生活与工作技巧。一个人要想获得健康、成就与长久的能力，就必须改变复杂繁多的生活方式，鉴于压力有害健康，应该鼓励人们放松、睡点懒觉、少吃一些，等等。它的主要观点是："懒惰乃节省生命能量之本。"我们以为，这不但是健康养生的观念，更是人们取得成功的理念。

"我懒我快乐"的懒人哲学，即使无力改变劳碌社会的不理智、不健康倾向，起码亮出了一份鲜明有个性的态度——懒人控制不了整个社会，但他却能控制自己的欲望。古人说得好："从静中观动物，向闲处看人忙，才得超尘脱俗的趣味；遇忙处会偷闲，处闹中能取静，便是安身立命的工夫。"

于是，有人得出这样的经验：把自己负责的事情分成许多容易做到的小事，然后，把其中一部分委托给别人。

去除那些负担的东西，停止做那些已觉得无味的事情。这样我们就可以拥有更多的时间、更多的自由，在简单的生活中找到属于自己的快乐。

自由才是人生的真谛

人活在世上，无论贫富贵贱，穷达逆顺，都免不了要和名利打交道。在世间的迷雾中，一些人受名利驱使，往往认为钻营求取就会得到益处，却没有想过人生祸福皆有因缘，一切都在天理的安排之中。而妄心贪念侥幸地希求，不仅毫无益处，还会给自己造下罪业，因此而折福，到头来随业流转，不得自主。何不放下名利，去享受自由的快乐呢?

人生在世，名和利都是身外之物，生不带来，死不带去，不必看得太重。就算你一刻不息、永无止境地去追求和索取它，也不会有满足的时候。相反，它还可能会给你的事业带来无尽的坎坷和烦恼，引诱你陷入贪欲的深渊，以致身败名裂。

做生意原来想肯定能赚一百万，由于名利的诱惑等种种原因，最后只有十万到手。这时后退一步：毕竟没有赔钱，还赚了十万呢!

公司里人事调整，你原想这次肯定能够升职，可宣布各部门人选的时候，你侧着耳朵也没听到老板念你的名字。别生气，后退一步：毕竟没被炒鱿鱼。然后想想自己为什么没有被提拔，如果的确不是你的错，那就是老板没长一双慧眼，没发现你这匹千里马，损失的是老板而不是你。让他遗憾去吧!

单位里职称评定，你差一点儿就评上了。可惜，真可惜，但再可惜也没有用。后退一步：这次差一点，下次就一点不差了。那么，回去再努力一年。这一年，你有可能做出新的成绩，被评上了。

在所有的处世原则中，莫执名利是最有益处的。有了莫执名利之心，我们才不会在失败面前灰心丧气，在成功面前骄傲自满，始终保

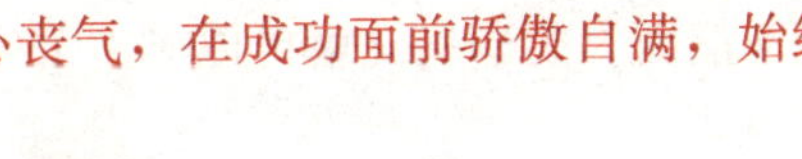

持一种平和淡泊、乐观豁达的人生态度；有了莫执名利之心，我们才能用一种超然的心态对待眼前的一切，不以物喜，不以己悲，不做世间功利的奴隶，也不为凡尘搅扰、牵系，不为烦恼所左右，使自己的人生不断得以升华；有了莫执名利之心，我们才能在物欲横流的环境中保持一份独有的安静，任你诱惑无限，我自岿然不动，进而坚守精神家园，不被污浊的空气所感染，执著专注地追求自己的人生目标；有了莫执名利之心，我们才能抛开一切名利的束缚，让人性回归到本真状态，从而获得心灵的纯洁、充实与自由……

在有限的生命中，每个人都在寻找最好的生存方式活出生命的意义。在所有生存方式中，顺其自然并努力奋斗才是最正确、最科学、最合理的，只有自由才是生活的真谛。

在竞争日益激烈的当今社会，生活向每个人提出更加沉重的挑战。由于竞争对手强大，生存、就业、婚姻等方面的问题层出不穷……实际上，这些问题并不完全是由社会和他人造成的，相反，在很大程度上是由自己引起的。他们之所以会面临各种各样的问题，是因为他们的活法不对头。他们不够专一，过于轻浮，站在这山望着那山高，跟着性子走，最终导致了顾此失彼的后果，甚至“赔了夫人又折兵”。

对于一些不属于自己的东西，就把它当做眼前浮云，任其随意飘荡，管它鹿死谁手，花落谁家。不论花花世界多么熙攘纷扰，不必过于积极地溶入其中，更不必幻想从中捞取太多的好处。记住，一切顺其自然。

顺其自然，并不是随波逐流，也不是随遇而安，而是指一个人弄明白自己的人生方向后，踏踏实实地顺着这个方向走下去。要知道，鱼儿不能因为羡慕鸟儿就可以飞上天空，小草不能因为羡慕大树就可以无限地生长，一个人更不能因为羡慕别人的成就而一味地盲目模仿。

在人生当中，最不幸的就是那些永远追随潮流跑来跑去的人。他们没能踏上本属于自己的那条路，匆匆忙忙跑了一生，最终却两手空空，一无所获；辛辛苦苦地跑了几十年，而成绩却依然停留在起跑线上。

人生在世，返璞归真才是做人的真正目的，道德和良知才是人生命本质中最美好的东西，自由才是人生命中最重要的！最好的活法就是莫执名利，顺其自然，同时努力奋斗，既不感叹命运不济，也不抱怨造化弄人。如果是匹野马，就自由驰骋在辽阔的草原；如果是只雄鹰，就自由翱翔在广阔的蓝天；如果是头猛虎，就自由盘踞在茂林深山……只要找到自己的归宿，淡泊处世，使自己真正自由，就能感受到生活的快乐以及生命的意义。

适时放弃也是一种智慧

在漫长、现实、艰辛、严酷的人生历程中，女人要慢慢学会懂得放弃，因为懂得放弃应该被看做是一个人逐步走向成熟的标志，更是人的一种美德。

很多女人都希望自己的人生轰轰烈烈，认为生活就是需要经过大喜大悲后的刻骨铭心。可是，有些女人欣赏的却是那种散淡悠然的心境，这还不仅仅是因为这样的无欲无求有着一种超乎常人的坦然，一种淡雅温和的松弛，更重要的是，这样的女人能在纷乱喧嚣的尘世中找到属于自己的空间，而决不会因为彷徨、迷惑而迷失自己，失去追求。于是，女人需要懂得放弃，因为对于每个女人而言，生活并不会是各种经历的简单堆砌。

常常听到好多关于“活着真累”的话，也经常见到各种轻生放纵的故事，总觉得现代女人生活的心理空间怎么变得如此狭小。细细一想，当女人把自己所遭遇的一切都非得毫无选择地填塞到内心世界里时，女人怎么能指望人生还有许多精彩和欢笑，值得女人去回味、品读和追求呢？因此，女人必须得学会放弃，有选择地放弃，腾出女人更多、更大的心理空间，让自己的人生更加轻松和充实。

不曾努力得到过什么、什么都没有的女人，“放弃”对她们来说是容易的，因为她们真的想象不出还有什么好放弃的。而对于大多数女人来说，放弃就真的很难，许多路即使错误，却还是要走过一遍，因为她们到底还是在害怕，害怕放弃之后，留下一片空白。

生命中的许多经历都会随着岁月之河的冲刷而渐渐淡去，沉淀下来的那些可能曾被你自己认为是平庸的故事却成了永恒。蓦然回首，所有的女人都会发现，有些东西的放弃当初显得是那样地难，但在现在看来，却又是那样地应该和自然，原来，放弃的过程铺就了你呈现成熟美丽的那片宽阔。

没有任何人能够为天下所有的女人决定什么该放弃，什么该留下，全在于女人自己，在于自己是不是懂得放弃所蕴涵的智慧。

学会欣赏他人的优点

我们生活在一个五彩斑斓的世界，在这个世界里不光有着美丽的风景，同样也有着不同个性、不同气质、不同人格魅力的人。在漫漫的人生旅途中，你会相识、相遇很多人。不同的人身上有着不同的品质及魅力，欣赏、喜欢和爱，便成了我们最难把握的尺度。在这个世界上所谓的好人、坏人、聪明的人、愚钝的人、善良的人、狡猾的人，等等，很多很多种。各种各样的人存在着，总有一定的合理性，相信“存在即合理”。

他人的善良、乐于助人、聪明、可爱等品性，亦或是琴、棋、书、画等爱好特长，或许都是别人没有的，是其优点。在人与人的交往中，我觉得我们的胸襟应该开阔一些，远离所谓的勾心斗角，平和地看待周围的人和事。不因他人的荣誉而嫉妒，不因他人的失误而幸灾乐祸。相信世间真善美的存在，相信学会欣赏别人的优点，我们会更多地发现这世界的美妙。

任何时候，学会用欣赏的眼光去看待世界，看待你周围的人，你便会更坦然地面对一切了。人性的弱点之一就是想占有，想占有自己喜爱的一切东西。但人又是有思维的，这种思维随时都在变，没有一种情感是永恒不变的。所以，不要奢望你能拥有很多。用一种平常的心态去欣赏一个人，就像欣赏一幅画一样，你会很快乐，也会很坦然。当你用一种平常的心境去认识一个人、结识一个人的时候，你便会没有了一些私情杂念，你们便可以自由随意地交往，心也便会一点点地交融，真正的朋友便会在你欣赏的眼光中向你走来。友情同样是生命中不可缺少的东西，在你拥有了很多真心朋友的时候，你才会觉得生命的快乐。

欣赏是一种享受，是一种实实在在的享受。无论何时何地，学会了欣赏，便学会了收获快乐，收获温馨。懂得欣赏，你的心中便会永远阳光灿烂。

听过羊和骆驼的故事吧。羊和骆驼是好朋友，它们一个高，一个矮。有一天他们谈起高好还是矮好的问题。骆驼说：“当然是高好，你看，再高的树叶我也能够得着。”说完，它一抬头就吃了一口树叶，羊伸长脖子却怎么也够不到一片树叶。羊不服气，走到公园的一个栅栏门口，羊一拱身子就进去了，一边吃里面的青草一边说："还是矮好吧，你看，这里的草多嫩啊。"骆驼趴下身子，使劲往里钻，也没能够吃到里面的青草。它们互相不服气，后来一起找到了老牛评理。老牛说："高有高的好处，矮有矮的好处，我们不能只看到自己的长处，看不到别人的优点。"羊和骆驼这才明白，尺有所短，寸有所长，发现别人的长处、优点，才能取长补短，做好事情。

这个道理可能大家都懂，但是有时我们仍会不经意地犯上骆驼和羊的毛病，习惯于只看到自己的长处，看到别人的短处，喜欢拿自己的长处与别人比较，而对于别人的优点和成绩却不太服气。其实，金无足赤，人无完人。生活中不是缺少美，而是缺少发现美的眼睛。我们要做善于发现别人优点，欣赏别人的优点并学习别人的优点的人，如果你这样做了，你会发现你已不知不觉地成为一个胸怀宽广的人，一个好学上进的人，一个热忱友善的人，一个受人欢迎并拥有许多朋友的人。孔子说："三人行，必有我师焉。"每个人都有闪光点，我们要善于发现它，并能动地学习它、吸收它，并用自身的五全五美去感染身边的人。

学会多角度度看人，学会欣赏别人的优点，学会赞美别人的长处，常对世界怀感恩之心，你的人生就进入一种更新、更美的境界。

拥有平和的心态

人的欲望永远无法满足，能安于生活中的一切事物，不是一件最大的幸事吗？尤其是女人。心态平和，女人就可以坦然面对逝去的岁月，哪怕是已开到极致的花，依然雍容华贵，仪态万千。

心态的好坏能直接影响到自己的情绪，更直接指挥着自己的行为；心态平和，能保护自己不会随时随地被外界刺激倒，不敏感、不妒忌、不心理失衡、不歇斯底里，对于纷繁复杂的外界干扰和诱惑的确能起到很强的抗拒作用。

平和就是对人、对事看得开，想得开，不斤斤计较生活中的得失。淡泊就是超脱世俗困扰和红尘诱惑，视功名利禄为过眼烟云，有登高临风宠辱不惊的胸怀。这样的心态，不是看破红尘、心灰意冷，也不是与世无争、冷眼旁观、随波逐流，而是一种修养、一种境界。

人生在世，谁都会遇到许多不尽如人意的烦恼事，关键是你要以一份平和的心态去面对这一切。世界总是凡人的世界，生活更是大众的生活。我们在平和的心态中寻找一份希望，驱散心中的阴霾，战胜困难的勇气和信心就会油然而生，我们的心情就会越过眼前的不快而重新变得轻松，这就是保养心态！保养心态其实就是时时调节心情，时时告诫自己：学会平和及释然超脱，学会知足常乐，学会善待生命。

不要对任何事抱很高的期望。现代的女人不需要再靠男人养活了，自己有工作。自己能做的事就自己做，不要让男人觉得你是个负担，让他觉得和你在一起很轻松，平等的关系能使感情更持久。如果一个苹果，你吃之前就想它会如何地甜。然而，万一没有想象中那么甜呢？或者压根儿它就不甜，怎么办？答案是失望以及失落。所以，凡事不抱那么大的期望，会让自己平静些。

用欣赏的眼光去看周围的人，特别是男人，要他跟你走，就要有跟你走的理由。善解人意的女人是很有魅力的，让他觉得在你面前他是个男人。很多男人也小心眼，也不大度的，但是慢慢地，他有进步你能及时表扬，多看对方的优点，少看或者不看对方的缺点，这样就

更有效果，因为人一般在赏识的情况下更愿意接受自己的不足。

凡经历了一些事情的女人，就会有很多积淀，这种积淀能够显得女人宽厚而大度。毕淑敏曾经说："爱看书的女人极少有一味的沉沦，书中美好的东西总会指引她们走出阴霾。"这也是创造心态平和的一种方法。

善于控制自己的情绪

女人在每天的生活中免不了会出现好情绪和坏情绪，但关键是如何保持情绪的平衡，而情绪控制的关键是如何处理冲动。

女人是感性的，其情绪特别容易被外界的事物影响。落花、流水、枯藤等都会让她们在心中感怀良久。面对生活中那些层出不穷的麻烦事，女人最容易发怒。所以，学会控制自己的情绪对女人来说特别重要。

当我们遇到意外情况时，如果我们不能理智地控制住自己的情绪，任由怒火肆意而来，那么很可能伤害别人，就会造成人际关系的不和谐，对自己的生活和工作都将带来很大的影响。如果学会运用理智和自制，控制自己的情绪，就能正确地处理好事情。

从生理角度说，愤怒冲动易导致高血压、心脏病、溃疡、失眠等疾病；从心理角度而言，愤怒会破坏人际关系，阻碍情感交流，使人内疚、情绪低沉。很多女人虽然懂得冲动是魔鬼，但是在实际生活中却难以自控。一遇到不顺心的事就急躁易怒，容易冲动。

女人好冲动，爱发脾气，与自身的气质类型有一定关系。一般说来，属于胆汁质的人，比其他气质类型的人更容易急躁，更爱发脾气。

一般说来，爱发脾气的女人，火气上来时只知怪罪别人，根本不考虑自己的责任。其实，在很多情况下，促使其生气、发脾气的原因并不在对方，这在日常生活中是屡见不鲜的。一个女人发起怒来，往往自己控制不了自己，其认识活动的范围也缩小了，不能正确地评价自己，甚至不顾后果，以至于伤人害己。认识到在日常生活中谁都可能遇到这样或那样与自身愿望相矛盾的事，设身处地从对方的角度、用别人的眼光去看待眼前发生的问题，那你即便是胆汁质气质的女人，也不会轻易发脾气了。

女人如何控制自己发脾气，如果在工作中或生活上遇到会使人发怒的事，可以暂时避开，眼不见为净，耳不听为宁，脾气就发不起来了。退一步海阔天空，遇到使自己发脾气的事，如果不是原则大事，就采取让步退却的办法，即使自己解脱，也宽容了别人；大事化小，小事化了。一旦遇到确实使自己气愤的事，静坐一会儿，用理智战胜情感，让怒气自然消失。正如一位哲人所说的："拖延时间是压抑愤怒的最好方式。"遇到让自己发脾气的事，自己一时难以排遣，可以向亲友诉说一通，或者是参加一项体育活动，干一些体力活，也可以使怒气得以缓解。

愤怒的情绪人人都会有，任何时候都要让自己去主宰自己的情绪，只有这样，事情才能办好。让愤怒的情绪爆发出来，只会使事情变得更加糟糕。它可以让原来认为你温文尔雅的人一下子改变对你的印象。在这种情况下，事后你可能会觉得后悔，但是世界上是没有后悔药可吃的。因此我们应该学会控制自己，学会尽量不发火而把事情解决好。

语言暗示法。在情绪激动时，自己在心里默念或轻声警告"冷静些"、"不要发火"等词句，抑制自己的情绪，也可以做成小纸条放在自己的包里、办公桌或是床头。

转移注意。在受到令人发怒的刺激时，大脑会产生一个强烈的兴奋灶，这时如果你能主动地在大脑皮层里建立另一个“兴奋灶”，用它去抵抗或削弱愤怒，就会使怒气平息。最好的办法就是暂时离开引发情绪的环境和有关的人或物。

嘲笑自己。用寓意深长的语言、表情或是动作，机智巧妙地表达自己。你可以自己嘲笑自己：“我这是怎么啦？怎么像个三岁小孩子似的！”

回忆愉快的事情。当不愉快的事情发生时，应该尽量多想些与眼前不愉快体验相关的过去曾经发生的愉快事情。

站在他人的角度想问题。站在他人的角度想问题，也就容易理解对方的观点和行为。在多数情况下，一旦将心比心，你的满腔怒气就会烟消云散。

有人说，女人是善变的动物，女人总是很情绪化，总是在事情发生过后才会发现这种情况。殊不知，这种不易自知的情绪随时会把你带进地狱。有理智的女人往往能有效地察觉出自己的情绪状态，理解情绪所传达的意义，找出某种情绪和心境产生的原因，并对自我情绪做出必要恰当的调节，始终保持良好的情绪状态。

做一个有智慧的女孩

不攀比的女人是快乐的。什么事情都会成为女人攀比的对象，她们在攀比之中，或是心满意足、趾高气扬；或是孤芳自赏；或是醋意大发、怨气横生。有着攀比心的人确实会很累。心理健康的人总是胸怀宽阔，做人做事光明磊落，而心胸狭窄的人，才容易产生嫉妒。克服盲目攀比的心理，一定要比就和自己的过去相比，看看各方面有没有进步。同时，珍惜自己的人格，崇尚高尚的人格。实际上，上帝对每个人都是平等的。上帝给谁的都不会太多，也不会太少。偶尔给错了，多给了，他还会收回去，收的时候也会多收，连本带利。对女人而言，不要处处攀比。当在攀比的过程中遇到不幸的时候，不要埋怨上天的不公，也不要去渴求别人的怜悯。任何方式的同情都是廉价的，面对现实，积极乐观，努力找到生命的另一个窗口，去唤醒黎明，在痛苦中崛起，才会展现你最美的一面。攀比没有什么好处，女人在无休止的攀比中煎熬着心灵，进行着最无用又最催人衰老的“战争”，在时间的推移中，既失去了外在的美丽，又失去了内在的美好。

忙碌能充实你的空虚。空虚是指百无聊赖、闲散寂寞的消极心态，是心理不充实的表现。空虚心理实际是一种社会病，尤其是那些无所事事的女人们，她们内心存在着极大的空虚，而这种空虚却是最危险的那种。因此，有人说空虚是家庭幸福的杀手，也是婚外情最大的导火索。

当某一种目标难以实现，受到阻碍时，不妨转移目标，如除了学习或工作以外培养自己的业余爱好，使困扰的心平静下来。当有了新乐趣后，就会产生新的追求，有了新的追求就会逐渐完成生活内容的调整，并从空虚状态中解脱出来，去迎接丰富多彩的生活。

空虚心态往往是在两种情况下出现的：一是胸无大志。二是目标不切实际，使自己因难以实现目标而失去动力。因此，摆脱空虚必须根据自己的实际情况，及时调整生活目标，从而调动自己的潜力，充实生活内容。

劳动是摆脱空虚极好的措施。当一个人集中精力、全身心投入工作时，就会忘却空虚带来的痛苦与烦恼，并从工作中看到自身的社会价值，使人生充满希望。

当一个人失意或徘徊之时，特别需要有人给予力量和支持，予以同情和理解。只有在获得很多人支持时，你才不会感到空虚和寂寞。

不要再为心灵的空虚寻找更空虚的解决办法了，忙碌起来，不管于自己还是于家庭幸福都是有好处的，不要因为空虚而做出愚蠢的事情而毁了整个家庭的幸福。

巧妙应对同性的嫉妒。在竞争激烈的办公室里，女同事之间很容易因为各种事情而产生嫉妒。也许我们可以克制自己不去嫉妒别人，但却不能保证别人就不嫉妒我们。职场中，如果你是一个非常出众的女人，那么你一定会感受到来自于身边同性的强烈嫉妒。她们嫉妒的范围很广，包括你的职位、工作能力、上司对你的赏识、你的外貌、衣着乃至你的家庭状况。虽然嫉妒并不会给你带来直接的危害，却会为你埋下了失利的种子。因此，当女士们在办公室遇到同性的嫉妒时，一定不要立即还击或是置之不理，而应当巧妙地应付她们，甚至将她们变成你的朋友。

爱美是女人的天性，这也就使得女人天生对美就有很强烈的执著。因此，女人最容易引起同性嫉妒的地方就是外在的美貌。也许你的女性同事可以容忍你的职位比她高、薪水比她高、能力比她强，但绝对不能容忍你比她美丽，成为办公室的焦点。虽然外貌、仪表、风度在很大程度上与能否得到更好的工作机会没什么关联。但几乎所有女人都无一例外地对比自己漂亮、着装比自己迷人的女人怀有“敌意”。事实上，虽然女人很容易对同性的美产生嫉妒，但她们更渴望得到对方的赞美。因此，女士们在面对同事对你的“美”的嫉妒的时候，不妨忍痛割爱，将自己的美“分出”一部分给对方。这样一来，一定可以获得同事的好感，从而拉近与她们的距离。

主动示弱，浇灭对方妒火。如果没有“美”的资本，那么在工作中，最容易惹同性嫉妒的恐怕就是你所取得的成绩了。事实上，这种嫉妒心理是男人和女人都有的。试想一下，在同一个办公室，做同样的工作，凭什么你就要比她们的薪水高？凭什么你就得到晋升的机会？

因此，你在工作上所取得的成就难免会让你的同性同事嫉妒你，特别是那些年龄比你大、入行比你早、资历比你深的人。在她们看来，晋升机会本来就该属于她，而你一定是通过要什么“阴谋诡计”才得到的。

面对这种情况，女士们该如何处理呢？有些女士会非常生气，因为她知道自己是凭借努力才取得今天的成绩的。因此，她对这种嫉妒非常厌恶，决定采用沉默来回应。其实，女士们大可不必动气。

这种示弱的做法，事实上是让你的女同事们觉得其实你也是很难的，有些地方不如她们，而且你还必须老老实实低调地做人，那么就会让那些嫉妒者感到心理上的平衡，使她们对你产生一种同情心理，从而消除她们的嫉妒心。所有的嫉妒都是在名和利的基础上产生的。很多时候，一些女士之所以会招来同性同事的嫉妒，很大程度上是因为她们对自己的利益过分看重，总是在工作中追求太多的利益。

女士们不妨从自己获得的名利中，挑选出那些细小的、对自己前途没什么大影响的好处，然后谦让地将这些东西分给其他同事。其中，要特别注意的是，当你所在的部门获得了某一特殊荣誉时，千万不要将它据为己有，而是要大方地分配给每一个人。虽然荣誉没有什么实在的意义，但却可以满足所有人的心理。

女人的嫉妒心理往往发生在工作和社交中双方及多方之间，因此要尊重并乐于帮助他人，尤其是自己的对手，注意自己的性格修养，

这样不但可以克服自己的嫉妒心理，而且可使自己免受或少受嫉妒的伤害，同时还可以与同事、朋友建立较为和谐的关系。自己在感受到生活愉悦的同时，事业也更加容易成功。

避免负面的心理暗示

女人往往为了保持自己的矜持、显示自己的高贵，很多话不愿意明说，采用暗示的手法去告诉别人，所以大多数女人喜欢那种细心的男人，而且女人也容易接受别人的暗示。暗示在我们的日常生活中是最常见的特殊的心理现象。它是人或环境以非常自然的方式向个体发出的信息，个体无意中接受了这种信息，从而做出反应的一种心理现象。

暗示分自暗示与他暗示两种。自暗示是指自己使某种观念影响自己，对自己的心理施加某种影响，使情绪与意志发生作用。如人们都在早晨上班前或去办事前，愿意照照镜子、整整衣服、理理头发。有的人从镜子里看到自己的脸色不太好，并且觉得上眼睑浮肿，恰巧昨晚睡眠又不好，这时马上会有不快的感觉，顿时怀疑自己是否得了肾病，继而觉得全身无力、腰酸背痛，于是觉得自己不能上班了，甚至立刻就得到医院就医。这就是对健康不利的消极自我暗示作用。而有的人则不是这样。当在镜子里看到自己脸色不好，由于睡眠不好而精神有些不振，眼圈发黑时，马上用理智控制自己的紧张情绪，并且暗示自己：到户外活动活动，做做操，呼吸一下新鲜空气就会好的，于是精神振作起来，高高兴兴去工作了。这种积极的自我暗示，有利于身心健康。

他暗示是指个体与他人交往中产生的一种心理现象，别人使自己的情绪和意志发生作用。

暗示对人的作用是很大的。它有时也给人体带来不良的影响。如“假孕”是指有的女人结婚后很想怀孕，由于焦虑而十分害怕月经按时来潮，使怀孕失败。所以当自己月经过期未来，就觉得自己怀孕了。很快又觉得自己开始厌食、恶心、呕吐，喜欢吃带刺激性的食物，于是到医院就诊。但经医生检查和化验后，发现并不是怀孕。这是因为想怀孕的强烈愿望及焦虑的心理因素，破坏了人体内分泌功能的正常进行，尤其是影响下丘脑垂体对卵巢功能的调节，使体内的孕激素增高和排卵受到抑制，从而出现暂时闭经的结果。在临床中，暗示还可以治疗疾病。如一位女人因丈夫突然在车祸中死去，精神上受到强烈的刺激，悲痛得双目失明。但经医生检查，眼睛的结构没有病变，诊断为心理性失明。用许多方法都没治好，后来进行催眠治疗。催眠师暗示她视力已经恢复，对她说：“我数五个数，数到第五个时，你醒来就能看见东西了。”催眠师慢慢地数一、二、三、四、五。果真数到五的时候，病人醒来，发现自己的视力已完全恢复。

研究证明，女人的暗示性比较高，所以西方人称歇斯底里性格。暗示就是不加批评地接受。医生在对病人做催眠术时，往往要做暗示性的测量，一般说，女人比男人的暗示性高，文化程度低的比文化程度高的暗示性要高，年轻的比年纪大的暗示性高，总结起来就是年轻的无知女人，特别容易形成歇斯底里性格，这些人也最容易使用催眠术。

女人天生普遍就具有非常强的自我暗示能力。精神暗示，实际就是对于生活情感的幻想实在化。你时时生活在幻想里，于是你的幻想也就成了你的实在的生活或成了你实在的生活之中的一部分了。暗示虽然也有一定的正面作用，但是大多数时候只是对自己的欺骗。有这一习性的女人应走出暗示的迷雾，活得更真实一些，只有现实才是最真实的感受。

在日常生活中，女人不要给自己过于大的压力，要经常保持一种放松的心态。你可以把自己看成一个美丽、诚实、有自身价值、有成就、拥有健康关系的人，但无须自我崇拜。我们可以运用积极的心理暗示，让自己走出烦恼。

用积极的心态战胜恐惧

由于中国女人天生内敛、含蓄的性格，不善于表达自己，很容易在社交中产生对陌生人的恐惧和排斥的心理。此时不要担心，更不要以为自己患了什么社交恐惧症。引起这些的原因有可能是你对自己不够自信，教你几个小方法，问题就会迎刃而解了。

不否定自己，不断地告诫自己，在心中默念“我是最棒的”、“天生我材必有用”。凡事不要苛求自己，能做到什么地步就做到什么地步，只要尽力了，不成功也没关系。不要总是回忆不愉快的过去，过去的就让它过去，没有什么比现在更重要的了。

友善地对待别人，把助人看做快乐之本，在帮助他人时能忘却自己的烦恼，同时也可以证明自己的价值存在。

找个倾诉的对象，有烦恼或心结的时候一定要说出来的，找个可信赖的人说出自己的烦恼。这个人不一定就能帮助你解决问题，但至少可以让你发泄一下。要知道，长期压抑和控制自己会让你的情绪更低落。

每天给自己半个小时的思考时间，不断总结自己才能有足够的精力和信心面对新的问题和挑战。到人多的地方去，让不断过往的人流在眼前经过，试图给路过的每一个人微笑。

你生活在情感过于充沛的海洋里，敏感的神经随时都可以被调动起来，因为周围发生的一切都会在你的心里留下深深的痕迹。当你感到自己受到伤害的时候，心中便升起极度委屈的情绪。你不能接受别人对你的负面评论，虽然你也走上了工作岗位，给自己披上了一个职场女人的外壳，显得果敢而练达，但是在别人对你的工作提出某种批评时，你会好几个小时在那里琢磨，缓不过劲来。

朋友说了在你看来很难接受的话，你就会耿耿于怀，心里不舒服。他们的言语越是在你心里挥之不去，你就越感到无法释怀。而如果你感到身边的朋友欺骗了你，那情况就更糟了，你会一连好几个星期躲在家里医治心灵的创伤。其实你知道，应该从自我沉默中走出来，重新与朋友交流，否则很快你就不会再有朋友可以一起去逛街或下馆子了。这些都是敏感心理的普遍反应，也是一种社会病，存在极为普遍。因此要正确认识和调适自己过度敏感的心理。

真正了解自己敏感的根源。过度敏感往往是不成熟的表现。遇到微妙又棘手的事情，受了一点点委屈，眼泪很快就涌了上来，于是跑到洗手间去哭。当自己敏感的神经被激发出来的时候，应该问自己几个问题：是谁让我这么敏感？我敏感的是什么？我不敢说出口的又是什么？

如你在你的上司面前哭泣，是因为你缺乏自信还是惧怕权势，还是内心世界潜藏着别的什么原因？心理治疗学家说，“当过去的痛苦经历再次出现的时候，人们往往会变得过度敏感”。结果是，别人碰到了你的痛处，你就不能自制了。

不要让坏事影响自己的心情。过度敏感的人都有一种自贬自责的倾向，一个小小的挫折都往心里去，随即开始怀疑自己的全部。于

是，所有外界的批评都是有道理的，应该的，一切都是自己的错，很快就变成了：我自己一无是处，太平庸了，是个傻瓜……其实，搞清楚敏感的根源之后，再遇到不愉快的事情，稍微进行一下自我反省就可以了，并不需要对自己进行全面检讨继而全面否定。

心理学家说："如果一个人的指责很过分，那么你也要懂得回敬那个指责你的人，不要让别人自以为有权利无端指责你。"碰到让你伤心的事，要努力寻找一个解脱的办法，比如你可以向朋友倾诉。越跟别人多交流，就越能从相对论的角度看问题。原本认为很严重的事，其实并没有那么糟糕；原本以为天大的事，其实也很渺小。有了一次经历，下次就能够轻松地面对，要让自己从内心里接受正在发生的一切。

世界对你的微笑永远都会是灿烂的。生活虽然不会有太多轰轰烈烈的事情，但是你的生活也绝对没有理由总是处于消极的状态中，要珍视那些小小的快乐。过度敏感的人的弱点在于他们缺乏自信心，总是在寻找抱怨的理由。结果是，即使别人发自内心的赞扬也不足以让他们往好处去想。所以，为了克服这种情况，过度敏感的人要学会自我赞扬，要培养一种积极的思维。

敏感的人是一个更善于倾听、观察细致的人。他们有很敏锐的知觉，能一下子就看出人性中的弱点，如言不由衷的阿谀、欲言又止的犹豫和眼神中流露的不信任，一切都逃不过他们的眼睛。虽然敏感的人容易想得太多，跟自己过不去，但这种人却可以是一个有心人，不至于撞到了南墙还觉得云里雾里。

过度敏感的人可能会更快地意识到问题，而不会对周边事物视而不见。或许我们从敏感者的身上可以获得某种启迪，那就是防止让自己变成心理麻木者。别人提出批评时，问问自己，他说的有没有说错的地方？

如果能这样，那么别人的批评对你的进步和成熟便是起了建设性的作用了。对于那些不喜欢你的人，你有没有想过一定要改变他们对你的态度，要让他们喜欢你，将这个目标变成自己不得不迎接的一种挑战呢？真正有这种思维方式并能够做到这一点的人并不多。然而一旦你做到了，你对人性的适应能力便会超过你的同事，就会让你拥有更多的机会。

女人有社交恐惧心理，是由于交往范围窄，同时，自己的知识领域也过于狭窄，或对当前发生的事情知道得太少的缘故，缺乏自信，在与别人交往的时候难免会有恐惧感。这时，你就要拿出些勇气，大胆而自信、毫无畏惧地看着别人，试着与人交谈。

让沮丧的心情快乐起来

一般来说，女人大都多愁善感、感情细腻，而在现实生活中又存在着许许多多的不如意，所以许多女人经常会产生忧虑、悲伤、抑郁、不开心等低落情绪。这些不仅会影响到一个女人的魅力，而且还会影响一个女人的追求，使成功渐渐远离她。

轻度的忧郁，一般没有什么大碍，只要能够及时沟通调整就可以了。但是如果不及时调整自己的心态，这种低落的情绪就有可能持续几个星期、几个月，甚至是几年的时间。这时就不再是轻度忧郁了，而是严重的长期忧郁。据心理学家分析，长期忧郁的危害性是很大的，可能会出现失眠、恐惧、偏执、强迫行为、惊慌失措等症状。如果一直都是这样的话，将会对人的身心造成巨大的伤害。

一个人在精神上受了极大的挫折或感到沮丧时，需要暂时的安慰。在这个时候，她往往无心思考其他任何问题。当女人受到了极大痛苦后，她竟会决定去嫁给自己并不真心爱着的男子，这就是一个很好的例子。

有很多女人在感受着深度的刺激和痛苦时，她们竟会想到自杀。虽然她们明明知道，所受的痛苦是暂时的，以后必然能从中解脱出来。因此，当身体或心灵受着极大痛苦时，她们往往就失掉了正确的见解，也不会做出正确的判断。

所以女人在精神极度沮丧、希望彻底断绝的时候，要做一个乐观者，仍然能够善用理智。这虽然是一件很难做到的事情，但就是在这样的环境里，才能真正地显示出我们究竟是怎样的人。

当然，当一个女人陷入彻底沮丧的境地时，她的亲朋好友经常会劝他说："千万不要担心，一切都会好起来的。"但是，这时说这样的话是根本无济于事的，也不能起任何作用。她们已经深深地陷入伤心、失望和不能自拔的沮丧、抑郁当中。

让自己行动起来。可以把自己每天从起床到熄灯要做的事情写下来，吃饭、洗澡也包括在内。

得到自我认可。你也可以想办法从某一方面帮助别人，这样你就会与他人接触，并同时感受到一种自我价值的实现，这也是一种积极有效的办法。

可以听一听音乐。先听一段与你目前情绪较吻合的忧伤的曲子，然后逐渐改为欢快的曲子，直到让自己的情绪也随着乐曲逐渐欢快起来。或是穿一件颜色鲜艳的衣服，把自己打扮得漂漂亮亮，让自己振奋一下心情。

当有重大的、不可避免的坏事情发生时，一定要保持心理的平静，以平和的心态去勇敢地接受最坏的情况。最后再把自己的时间和精力，拿来试着改善在心里已经接受的那种最坏的情况。

研究证明，人们的行为可以在一定程度上决定人们的心绪。因此，专家建议：走路要步伐轻快，尽量不要拖拉着脚跟；要昂首挺胸，不要低头含胸；要笑口常开，不要愁眉苦脸，哪怕是假笑也可以对付忧伤。

女人是个感性动物，所以在感到沮丧的时候，千万不要着手解决重要的问题，也不要对影响自己一生的大事作什么决断，因为那种沮丧的心情会使你的决策陷入歧途。

勇气是一种珍贵的品质

很多时候，人生就需要勇气，需要一种积极的生活态度。只有具备了无畏的勇气，才会从属于自我的小天地里解脱出来，才会更广泛自如地与人沟通交流，才会听到不同的声音、共鸣或批评。正如歌德所说，卑怯的人叹息、沉吟，而勇者却向着光明抬起他们纯洁的眼睛。武者决战决胜的勇气是我们所羡慕的，我们也想着能成为这样的人。但事与愿违，生活不如意者十有八九，我们更多的是不断地遭遇和克服困难。意料中和意料外的困难让我们不知所措，因为我们不够自信，害怕失败和挫折。我们不是全能也不是常胜将军，所以要有不被胜利冲昏头脑的勇气，也要有从失败中崛起的勇气，还要培养迎难而上的勇气。这种勇气不是一时之勇和一己之勇，它是内在的和智慧的综合素质，能量力、能坚持、能忍耐。勇气也需要大智慧，有勇无谋、有勇无德、有勇无信就不是我们所说的勇气了，最终会因无谋、无德、无信而遭遇失败的。人生问题大致相同，但解决方法没有固定模式，机械地学人走路，最终使自己丧失走路的能力。比如回避就不一定是逃避，让时间冲淡一切，换个空间可能有更好的机会。勇于面对、融会贯通显得尤为重要。坚持与放弃、回避与交锋等选择都需要思考，选择任何一方都需要触及问题实质和具备承担后果的勇气。

勇气既来源于对社会现实的认同感，也来源对个人全面而正确的认同感。这些认同感其实就是对周围环境和个体差异的正确判断，切实做到古人所说的“不以物喜，不以己悲”。凡事或物都有其发展规律或存在的合理性。对于人来说也是如此，他人进步了，说明他可能在哪些方面占了优势或抢了先机。旁观者嫉妒和气愤并不能改变处境和增加什么砝码，只能徒劳地使情绪低落或使自己陷于无知狂妄中。心态平和，正确认同环境和位置，才具备了解和把握自己的基础。这一点很重要。能否成为领导者并非是成功的唯一标志。成功只是种感觉，百个人有百种感觉，家财万贯、权力在握、家有娇妻、子有出息等都可以是成功的标志。发展产生差距，但要学会辨别差距，金钱、物质、享受上的差距不太重要，重要的是幸福的差距。我们不是完人，难免有些缺点，但并不妨碍通向成功和幸福的道路，只是不能缺少坚持到底的勇气。有信心未必赢，没信心一定输，说的就是这个道理。

成功与幸福都是种感觉，人活着，在一定程度上是为了感觉。走在前面不一定比落在后面的幸福和成功。面对丰富多彩的物质生活，我们必须懂得取舍。有的人贪大求全，什么都不放弃，最终就像猴子拣芝麻一样什么都没留下。精致的选择才会有精致的人生。有目标才有方向，才会奋力一搏。世上的一切皆在变化，人生没有永远的站位。人要有所在乎，便会激起更大的激情和更强的事业心，会保持对事物的敏感度。

人生的每一步都会有勇气作注脚。我们要记住“努力不一定成功，放弃却一定失败!”勇气是每一个追求成功的人必备的一种珍贵的品质。

放低姿态才是大智慧

放低姿态做人，无论在何种场合中都是一种进可攻、退可守，看似平淡，实则高深的处世谋略。谦卑处世人常在，一副高高在上的姿态，一副得意忘形的面孔，一副颐指气使的神情，一副专横跋扈的气势……以这种傲慢的姿态处世，迟早会失败。社会的门楣有高有低，只有以谦卑的姿态行走其间，才能顺利通过所有的门庭。

秦始皇陵兵马俑博物馆可以看到被尊称为“镇馆之宝”的跪射俑。秦兵马俑坑至今已出土清理各种陶俑1000多尊，除跪射俑外，皆有不同程度的损坏，需要人工修复。而这尊跪射俑是保存最完整的、唯一一尊未经人工修复的。仔细观察，就连衣纹、发丝都还清晰可见。跪射俑何以能保存得如此完整？这得益于它的低姿态。首先，跪射俑身高只有1.2米，而普通立姿兵马俑的身高都在1.8米至1.97米之间。天塌下来有高个子顶着，兵马俑坑都是地下坑道式土木结构建筑，当棚顶塌陷、土木俱下时，高大的立姿俑首当其冲，低姿的跪射俑受损害就小一些。其次，跪射俑作蹲跪姿，右膝、右足、左足三个支点呈等腰三角形支撑着上体，重心在下，增强了稳定性，与两足站立的立姿俑相比，不容易倾倒、破碎。因此，在经历了两千多年的岁月风霜后，它依然能完整地呈现在我们面前。初涉世的年轻人，往往个性张扬，率意而为，不会委曲求全，结果可能是处处碰壁。而涉世渐深后，就知道轻重，分清了主次，学会了内敛，少出风头，不争闲气，专心做事。

当今的社会变幻莫测，错综复杂。因此在漫长的人生旅途中，不得不学会低头。但学会低头并不是妄自菲薄与自卑，学会低头意味的是谦虚、谨慎。或许，在现实生活中我们应该试着去学会低头，学会认输。其实这并不难。只需知道，当自己摸到一张烂牌时，不要再希望这一盘是赢家。只有傻子才在手气不好的时候，对自己手上的一把烂牌说，我们只要努力就一定会胜利；学会低头，就是在陷入泥潭时，知道及时爬起来，远远地离开那个泥潭。

试想，那些登上人生顶峰的成功者们，不论是乘机出访还是站在舞台上发表演说，总是微微低着头向脚下的人群挥手。原因很简单——他们站在高处。而他们脚下的普通人，只能高高地抬头仰视高处的成功者。因为他们站在低处，脚下什么也没有。确实，像跪射俑一样，保持生命的低姿态，能避开无谓的纷争、意外的伤害，更好地保全自己，发展自己，成就自己。老子说，当坚硬的牙齿脱落时，柔软的舌头还在。柔软胜过坚强，无为胜过有为。学会在适当的时候，保持适当的低姿态，绝不是懦弱和畏缩，而是一种聪明的处世之道，是人生的大智慧、大境界。

第 3 章　塑造积极的心态，使你的人生更加精彩

排出心灵的毒素

放下架子，淡化面子。中国人要面子、爱面子，面子思想已经在国人的头脑中根深蒂固了。其实，面子要不要讲，值不值得去争，关键是看事情的“面子价值”。对每个人来说，面子有时固然很重要，也值得我们去维护，但同时也要想一想，什么样的面子才是真正要维护的？有没有价值？该怎样去维护？否则，不仅赢不来面子，反而可能会丢掉其他的面子。

对中国人来说，“面子”特别重要。“丢了面子”是很严重的，它往往意味着被议论、指责甚至受歧视。有人认为，面子是解开中国人权力游戏密码的重要语言。作为现代女性，一定要反思一下：我们为什么要为面子活着？在现今这个社会里，能力就是一个人最大的面子，只要我有能力，就可以勇敢地面对一切。为面子而活着的人，其实是他的自卑心理在作怪。自己的能力达不到，又没有足够的信心。所以只有从面子上找借口，这样一来，不仅面子过得去，又不会显示出自己的能力不足，岂不两全其美？别人只看到了你爱要面子，而不去怀疑你的能力。走出面子的怪圈，努力提高自己的能力。为自己活

着，不要为所谓的面子受累。

“女人可能会忘记谁是市长，但会记得别人在几年前的一句批评话，甚至能够一字不漏地背诵出来。所以，要与女人疏远或断交，最佳办法是伤害她的自尊心。反之，要取悦女人，最起码须小心防范，避免误触其弱点。”女性的自尊心为什么这么强呢？究其深层次的原因，主要还是自卑感造成的。

自卑感是指与别人比较时，由于低估自己、轻视自己而产生的一种情绪体验。自卑感的个体差异较大，它主要在年龄、职业与性别上。一般说来，女性比男性的自卑感强。不少女性在成才的道路上存在着不同程度的自卑感。她们认为女子的智力不如男子，难以成才。因此感到自暴自弃，缺少拼搏精神。女人的自卑感在相当程度上抑制了她们智力的发展，成为束缚女人成才的无形的桎梏。

女人的自卑感，容易使她们对成才失去信心。信心对人的创造性思维与创造性想象的发挥有重要作用。而创造性思维与创造性想象又是成才的主要心理基础。一个人的创造性思维与创造性想象水平越高，成才的可能性就越大，对社会的贡献就越大。女人的自卑感抑制她们创造性思维与创造性想象的充分发挥，阻碍其成才，降低了她们对社会的创造性贡献。

女人在成才道路上的自卑感易使她们的荣誉感薄弱。荣誉感是一种积极的情绪体验。荣誉是社会对人们贡献的评价与赞扬。荣誉感是对这种评价与赞扬的情绪体验。正确地对待荣誉感，能充分调动人的智力因素与非智力因素，为社会作出更大的贡献。缺乏荣誉感，就缺乏激励作用，缺乏竞争的信心，影响自己的智力因素与非智力因素的调动。

女人的自卑感易使她们产生孤立感。孤立感使她们在集体中失去了与同事的合作，失去了来自同事的帮助，从而影响她们成才。

当女人的某种能力或工作受到别人的轻视、嘲笑或侮辱时，她的自卑感更加强烈，甚至以畸形的形式，如绝望、暴怒、嫉妒与自欺欺人的形式表现出来。

自卑感是女人成才的心理大敌。自卑感导致了她们才能的自我埋没。女人一旦打破了自卑感，她们智慧的火花就会发出耀眼的光辉。

成功者总是从心里确信自己存在的价值。他们的自我价值感和自我信心不是生下来就有的，而是像别的习惯形成一样，是在生活中学会喜欢自己的。

“害怕成功”是女性对成功后的社会反映和失去女性特征的恐惧，其根本在于缺乏自信。每一位成功的女性，必然都经历过这样一个关键时刻，即诚实地面对自己，正确地、全面地分析评价自己，包括自己的缺点、长处。女性一旦妄自菲薄，就会在竞争中完全失去优势。只有树立起坚定的信念，不畏艰险，勇往直前，才能在实际生活中塑造自己的形象。如果只是一味陷于错误观念中而不能自拔，只会削弱她们的自信和成功的勇气。

生活的经验告诉女性：“当我们得到真正的成功时，世界接纳我们，把我们看做是有用之材。但是当我们妄自菲薄时，成功就像登天一样难。”应该在能力、兴趣的目标方面充分了解自己。这样，一开始就是有目的地努力，以使生活向高层次的目标迈进。提高自尊，要更多地注意带有理性的行为、决策和思维，这比仅凭感情重要得多。

失败的女人总是记着过去的失败，忘掉过去的胜利。而且她们不仅仅是记住了失败，还把这些失败融进了思想感情里，时时谴责自己。这样她们的自尊感就逐渐消失了。成功的女性懂得，不管自己过去失败了多少次，都没有关系。重要的是记住自己的成功，加深印象，认真研究。要增强自尊，就必须集中精力成功。把生活中的失败和不如意看做是奔向目标的一个反馈。

自我尊重中很重要的一个方面就是自我接受——心甘情愿地成为自己。提高和增强自我尊重，需要我们在日常工作中发现乐趣和值得骄傲的地方，不断挖掘自己心目中的“钻石”。还应该努力改变内心的反作用力，这比在一个新的环境里寻找外部的模拟要强得多。要不停地寻找长进的机会，具有自尊感的成功女性也是在这个过程中才显示出自己的。既然还没有发现完美的人性，我们的生活中就会有障碍和鸿沟，我们就应该学会宽容自己和别人。

聪明的女人避免固执己见

在职场上，一个人要想获得成功，必须要做到以下两点：一是要有创造力。它就意味着能给公司带来活力。美国一家咨询公司的老员工常常有一些古怪的主意，听上去有些像天方夜谭，但却能促进公司的全球化发展。能有创造力很重要，切忌固执己见，坐井观天，要能听得进去来自上司和同事的不同意见。二是要思想开明，善于接纳新东西。只有这样，才能跟得上国际潮流和时代的发展，适应跨国公司的需要。要有创新意识，能听取别人的意见，切忌一味地固执己见。

固执己见型的人一般观念陈腐，思想老化，但又坚决抵制外来建议和意见，刚愎自用，自以为是。这种人是很难被人说服的，在事业上也很难获得成功。王雅是一家演艺经纪公司的文员，平时谦虚谨慎，少言寡语。她的搭档是一个二十六七岁的女同事。这个女同事已经有过几年从事演艺工作的经历，因此，公司老板让她和王雅配合工作，也是希望她能多指点指点王雅这样的新人。可她却凭着自己有点经历和资历狐假虎威，夸奖自己随口就来，批评别人却是家常便饭。而且还经常坚持己见，固执不已。

有一次，老板让王雅和这个女同事一起完成一份企划稿子。王雅因为是新人，就很谦虚地和她商量，然后请她表达出自己的想法。她却只冷冷地回应王雅一句“别烦我，自己想自己的去”。可是过一会儿，这位女同事实在想不出来什么好的方案，又过来问王雅的意思是什么，让王雅自己写完了给她看。王雅就按照她的意思，再结合自己的想法，很认真地把稿子写完给她看。可她看后就跟王雅说这点不好，那点不好，要按照她的意图去改，一点不听王雅的意见，非常坚决和固执。王雅觉得还是自己的想法更好一些，就和这个女同事商讨，但是，女同事却执意认为自己的是最好的，让王雅必须按照她的改。后来，她的这种缺点使她造成了她和上司之间的一次交锋，最终惹恼上司。

像这位女同事这类人的深层心理是希望得到别人的认可和尊重，因为不能通过自己的专业技能和职位权力得到同事的认可，或者自以为别人都比不上他，所以他们选择通过对新人“打压”来满足内心的平衡。他们刚参加工作或进入公司的时候往往也受到这样的“礼遇”，从而对新人要么横加指责，要么揽功推过。这类人固执己见，只坚持自己的原则，信奉自己的观点，容不进别人的不同意见，在职场上这种人往往不易相处，也很难成功。

在职场中拼杀的白领人士，如果不具备弹性的心理素质，思想不开化，做事不灵活，就会常常遇到困境，甚至陷入世事的旋涡不能自拔。许多职场新人往往以为自己的意见非常重要，无比正确，并且希望自己的上司能做到任人唯才，大公无私，采纳自己的意见。

但是作为上司的，有一个共同点：希望下属跟着自己跑，却不喜欢下属跑得快过自己。如果你太拿自己的意见当回事，固执己见且不注意表达方式甚至对上司充满鄙夷，那么，极有可能招致他的厌烦。工作中的人难免会出错，可因为你不够尊重他，自作主张、出点小错都可能会给你造成“不可收拾”的不利局面，别指望他会替你承担什么。甚至有心胸狭窄的上司，时不时地给你穿“小鞋”，必然使你陷入更尴尬的境地。其实这种做法过于执著，会给人留下固执己见的不良印象。这个时候，一定要冷静，不要固执己见，要听别人是什么意见，来完善自己的想法，别人的批评不是坏事，它可以帮助自己进步。如果坚持固执己见，就不可能有新的视野及收获。

文文从一个普通的销售代表升职为大区经理只用了不到一年时间。她是一个貌似文弱的女性，没有泼辣的性格，她的优点在于做事的执著和对人的真诚。她的客户大多被这个貌不惊人的小女子的认真态度所折服，并把她当做可靠的合作伙伴，这使文文的业务得以稳定发展，成为公司里的佼佼者。然而这种不外露的优点只能在业务中显示出来。当她当上管理者后，面对复杂的人事关系、对应变能力要求较高的商务场合时，常常感到力不从心。可是由于性格和做事风格的不同，使她在调整自己的角色位置时遇到很大困难，尤其是在协调各级销售代表之间的利益冲突等问题上，文文头疼不已。

由于她个人的固执己见和一些事情的处理不当，得罪了不少人，其中既有手下的业务人员，也有自己的上司。由于所负责区域的业绩报告不断报警，显示了下降的趋势，对文文的能力和为人的传言渐渐多了起来。有人说她以前出色的业绩来自于某上层领导对她的暗中相助，也有的说是因为她与某业务相关的大公司的领导有暧昧关系，而她被提拔为大区经理也是由于拥有后台。上司则因为这个小女子经常坚持自己的见解和并不高明的处世原则而大为不满。文文的景况可想而知。先是被调离重要的业务部门，后来被降职，不得不离开公司。文文的遭遇一方面在于没有能够及时调整自己，完成必要的角色转换，造成了自己境遇的被动，另一方面是在文文面临困境时，没有及时检讨自己的行为，促使自己采取恰当的措施扭转不利局面，而是坚持己见，没有建立良好的人际关系才导致了生存环境的进一步恶化，最后到了不得不尴尬退出的地步。

其实，任何一个人在经历一些重要的事情或者为之努力后，不管你是卓有成效还是毫无建树，日后都不免在内心里进行梳理，只是有人时常固执己见，有人常善于反思罢了。当你回首往事的时候，曾经的成功、喜悦、荣耀、失败、痛苦、颓唐都将是你的财富。当你深深沉浸在回味中，你的心境和表情一定会随着往事的发展而发生微妙的变化。及时检讨和反省自己的行为，进行有效的心理调整，是适应环境、增强生存能力的重要一环。

懂得取舍才能获得完美的人生

有一颗勇于进取的心是非常可贵的，在一些成功励志的读物中，大多在鼓舞人们去追逐人生梦想的巅峰，但是，却忽略了一点非常重要的因素，不断的鼓舞，在使我们士气高涨的同时，欲望也像一只被吹得快要爆炸的气球，不断膨胀，追求的目标越高，欲望的膨胀也就越大，不断膨胀的欲望就像一只看不见的手，会把我们拖入一个无底的黑洞而浑然不知。

在生活中，我们通常只是看到了金钱带来的好处，而对金钱所带来的负效应却有失察觉。很多人在初入职场的时候，把金钱与人生的幸福画上等号，认为只要自己有朝一日，收入多了，幸福自然会来。

可是，当你登上职业生涯的顶峰时，发现自己有钱之后的幸福生活并非像自己当初想象的那样，尽管追求财富和舒适生活是人之常情，但如果将这种追求定位于人生的终极目标，并且沉溺其中，烦恼也会如影随形，挥之不去。

在生活中，由于金钱的增长、地位的变化，产生出来的负效应比比皆是。有的人以家庭破裂为代价，得到了金钱；也有的人，发财之后，身边却没有了当年的朋友；有的人虽然有了钱，却百病缠身；有的人金钱虽然多了，但是快乐却跑得无踪无影……

当你没有钱的时候，最大的理想可能是只要有两居室的房子可以安身，就是人生最大的幸福了。可是，钱赚得多了，生活的标准也随之提高，所以，有了房子之后，并不能感觉到当初期待的那份幸福，反之，更大的房子和更好的汽车可能会让你仍然处于幸福的缺失状态中。所以说，如果把追求金钱当做人生的终极目标时，就会本末倒置，与你期待的那份幸福越来越远；你与你的人生目标之间，好像永远隔着一层玻璃窗，看得很真切，可总是摸不到，那种期待中的幸福生活好像总是与你无缘。

所以说，为了得到我们期待的那种幸福，必须学会做减法：人生目标－对金钱的迷恋＝脚踏实地的工作

如果把我们的心灵比作一个花园，那么，对金钱永无休止的欲望就是这个花园中横生的荒草，当我们把这些杂草剪除之后，我们生命的花园才会更加茂盛。

对于中国人来说，“富不过三代”似乎已经成为一种规律，然而美国的富豪洛克菲勒家族，从发迹至今已经绵延六代，仍未现颓废和没落的迹象。

是什么力量使这个拥有世界上巨大财富的家族始终兴旺？其核心

的秘密在于，能够教育子女简朴生活、低调做人、努力工作。

老洛克菲勒曾经说过："工资只是你工作的副产品，做好你该做的事，出色完成你承担的工作，理想的薪金必然会得到。而更为重要的是，我们劳苦的最高报酬，不在于我们所获得的，而在于我们会因此成为什么。"

我们从洛克菲勒的身上看到这样一条哲理：剔除了欲望之后的工作是纯粹而自然的，然而，纯粹而自然的事物最符合人生发展的方向。

笑看人生，取需有勇气，舍要有智慧。完美的人生在于取舍之间。

人生在世，无论是追求自身价值实现与家庭幸福，还是企业谋求生存与发展，兴衰荣辱，进退得失，皆与"取舍"相关。

有道是："舍得，舍得，有舍才有得。"失去是一种痛苦，但却可能迎来新生。这如同大自然的法则：失去春天的葱绿，能收获丰硕的金秋；失去阳光的灿烂，能享受雨露的甘甜……

在人生一连串的取舍中，取是一种本事，而舍更显一种魅力。有能者善取，通悟者懂舍。取舍有道，张弛有度，可以说是人生的最高境界。

人的欲望是无止境的，不能指望填满，所以要懂得取舍，懂得什么东西该拿起、什么东西该放下，这样反倒能超脱于很多世俗的东西，达到一种境界。有一个年轻人，多才多艺，但真正的学业却一直没有太大的长进。于是，他去请求一位禅师为他指点迷津。这位禅师见到他后，并没有说什么，只是先请他大吃一顿。禅师吩咐人在桌子上摆满了上百种不同花样的斋饭，大多数是这个年轻人未曾见过的。开始用斋时，年轻人挥动筷子，想要尝尽每一道菜，当用饭结束后，他吃得非常饱。禅师于是问：“你吃的都是些什么味道？”他摸了摸肚子，很为难地说：“百种滋味，已难以分辨，只有撑胀。”禅师又问：“那你是否舒服、满足？”他答道：“很痛苦。”禅师笑了笑，亦是没有说任何言语。次日，禅师邀他一同登山。当他们爬到半山腰时，那里有许多稀奇的小石头。年轻人很是庆幸，于是边走边把喜欢的石头放入口袋中。很快袋子便装得满满的，他已经拿不动，但又舍不得丢掉那些石头。此时禅师猛然呵道：“该放下了，如此又怎么能登到山顶？”年轻人望着那未曾到过的山的顶端，顿时彻悟，立即抛下袋子，轻盈地登向山峰。

从某种角度上看，舍，即是得；什么都舍不得，最终可能什么都抓不住。所谓“少年时，舍其不能有；壮年时，舍其不当有；老年时，舍其不必有”的说法，就表明了，懂得取舍，善于取舍，世间会少有缺憾之事。因为，个人的成长、企业的发展，从根本上说来，就是一个“得中有失，失中有得”并不断地在“得而复失，失而复得”中演绎的进程。

或许，是因为人的天性从来就惯于“取”而不惯于“舍”，古往今来，许多人在描绘自己的人生理想时，总是把“取”视为“理所当然”，而将“舍”当做是“不应该”或“不得已”。

完美的人生，一定要学会取舍。在很多时候，得到的不一定是幸福，失落的也不一定就是遗憾。的确，外面的世界很精彩，但我们要学会取舍，正如同打开一扇窗，我们既要呼吸新鲜空气，又要防止飞虫进入。对于精华要取，对于“糟粕”便要舍。所以，学会取舍就显得更重要了。孔子曰：“择其善者而从之，其不善者而改之。”古人尚且如此，那我们呢？我们要学会取舍，整个人生才会更完美。

做自己命运的主人

思考人生，首先从认识你自己开始。要明白自己对自己的期望，为自己的人生而生活。是的，人要做自己的主人。人有责任成为你自己，是真正的你，而不是某某人，或成为这样那样的人，因为这其中可能隐藏着野心、欲望和贪婪……而你只不过是生活在某些虚幻的世界里罢了，所以我们一定要做自己的主人，成为真正的自己。

但是在现实生活中，很多人都不是自己的主人，他们不认识自己，不知道自己是谁，自己要的是什么，所以常常很盲目地跟随潮流走，人家说什么他就做什么，自然会感到无奈。

一对住在乡下的父子要到城里去卖家里的一头驴。一开始父子俩牵着这头驴一起走路。走着走着，就听到有人说："哈哈！你看，这里有两个大憨呆，有驴不骑，竟然在那里走路。"父子俩听了觉得很有道理，爸爸就叫儿子骑着驴，自己走路。走着走着，又听到人家说了："你看你看，这个不孝子，竟然自己骑驴，叫自己父亲走路。"于是，他们就换过来，这次换爸爸骑驴，儿子走路。走着走着，又听到人家说了："天啊！竟然有这样的父亲，自己骑着驴享受，却叫儿子走路。"父子俩听了，觉得很为难，不知怎么办才好。想了好久，父子二人终于想到了一个好方法。这个好方法就是，两个人一起骑着驴进城。他们想这一次一定没有问题了，两个人就很放心地骑着驴。走着走着，又有人说话了："你看你看，真可恶，两个人加起来那么重，竟然骑一只小驴子，真是虐待动物。"父子俩听了，赶紧下来，又不知该怎么做才好。

这个寓言告诉我们：如果你不认识你自己，无法做自己的主人，就会像故事中的父子一样，遇到事情不知怎么做才是好的。所以我们要认清自己，了解自己，做自己的主人。

有时我们一边享受着自由生活的福祉，一边给自己的头脑和心灵设置许多禁区。最典型的一个例子是，我们有时忘了自己活着的目的，甚至忘了我们自己。很多人觉得自己活得很累，不得不看别人的脸色行事，不得不为别人也靠别人活着。

人只有不拘执于任何事物，才能成为自己的主人。然而，主人的概念却常常被异化。在公众场合，有些人总喜欢以主人的姿势自居：或成瘾坐上首大位，俨俨然一览众山小；或频繁襟花剪彩，俨俨然历史进程舍之其谁也；或大声发表高论，俨俨然世界巅峰绝言；或以种种方式显示其地位、权势的与众不同。

其实，这些人自我意识太强，自我感觉太好，太过于显现自我，太过于表露自负。这些人既不可能成为别人的主人，也永远成不了自己的主人。因为他们拘泥于物欲，远离达观。一个沉迷于主人梦的人其实就是奴才的化身。在公众场合以主人的姿势自居的不一定是大人物，往往是喜欢表演的小人。人活在天地间，要虚心达观，努力让自己成为自己的主人。人不能也绝不可能成为别人的主人，人是有思维个性的生命，从本质上不愿意受人左右和指使，人永远是自己最至高无上的主人。人可能暂时屈服于强权，但灵魂深处顽强地睁着的仍然是那双不屈服的心灵之眼。所以，征服一个国家容易，但征服一个民族是非常困难的，因此，想做别人的主人，想让人屈服也是不容易的。即使最失败的人也有他曾经的辉煌，即使最潦倒的人也有他保持尊严的底线。不要看不起人，不要欺压人，人只能以尊重换尊重，以善良换善良，不要视弱小为可欺，不要视沉默为懦弱。

其实，世界上没有不变的东西，但有些人被物欲迷了七窍，忘记了这个真理。今天你可能在一个井大的地方成了大人物，但切不可忘记天下不止一个井大，山外更有青山在，比你更大的人物多的是，你此时的名利只是过眼烟云，沧海一粟，明天睁眼时可能又是原来的草根布衣。其实，人生何尝不是如此！路在自己的脚下，如何走，要自己去迈动双脚，他人的七嘴八舌仅是四面八方不确定的风。认准方向就大步向前，定会品尝到到达的甘甜。

生活中不必斤斤计较

怎样做人是一门很深的学问，甚至用毕生的精力也未必能看破个中因果关系。很多不甘寂寞的人曾努力探究其原委，试图领悟到人生真谛，塑造出自己辉煌的人生。然而，人生的复杂性使人们不可能在有限的时间里洞察人生全部的丰富内涵。不过，人们对人生的理解和感悟又总是体现在各种事情的启迪上。比如有的人对人和事总是斤斤计较，结果活得很累。相反，有的人“没心没肺”，却活得很潇洒、很自在。

做人固然讲究原则，不能玩世不恭、游戏人生，但也不能太斤斤计较、认死理。古人云：“水至清则无鱼，人至察则无徒。”太斤斤计较了，就会对什么都看不惯，容不下别人的一点瑕疵，把自己同社会隔绝开。我们知道镜子很平，但在高倍放大镜下，就显现出凹凸不平的“山峦”。用眼看似很干净的东西，拿到显微镜下，满目都是细菌。可以想象得到，如果我们带着放大镜、显微镜去生活，那么恐怕连饭都不敢吃了。同样的道理，用放大镜去看别人的缺点，恐怕每个人也都体无完肤、无可救药了。

“人非圣贤，孰能无过？”与人相处就要互相谅解，经常以“难得糊涂”自勉，求大同存小异，有度量，能容人，你就会发现别人的优点，就会得到许多朋友，就能够在生活中左右逢源，诸事遂愿。相反，斤斤计较、认死理、过分挑剔、容不得人，别人就会躲得远远的。最终，你只能是关起门来过日子，成为使人避之唯恐不及的人。

综观古今中外，凡是能够对社会作出比较大的贡献的人，都具有一种共同优秀的品质，那就是他们能够容人所不能容，忍人所不能忍，善于求大同存小异，团结一切可以团结的人。他们有宽广的胸怀，豁达而不拘小节，从大处着眼而不会目光短浅，从不斤斤计较，纠缠于非原则的琐事。正因为具有这些品质，所以他们才能成大事、立大业，使自己成为不平凡的人。

有这样一个例子：李敏总爱斤斤计较，她总抱怨她们家附近副食店的售货员态度不好，说话不顺她的耳朵。后来，她的同事从侧面了解到了女售货员的身世：与丈夫离了婚，老母亲瘫痪在床，带着两个上小学的女儿，每月只能开几百元的工资，一家人挤在一间 12 平方米的平房里。知道了这些，看到她一天到晚愁眉不展的样子，李敏就觉得可以理解了。这样一来，李敏反观以前自己对店员的苛求，也觉得自己有点过分了。

人生是短暂的、宝贵的，要做的事情很多，完全没有必要在令人不愉快的事情上浪费时间。有斤斤计较习惯的女人应该觉醒了，知道自己该干什么和不该干什么，知道什么事情应该认真，什么事情不必斤斤计较。但是，要真正做到这一点还是很不容易的，它需要经过长期的磨炼。如果明确了哪些事情可以不认真，可以敷衍了事，那么就能节约出更多的时间和精力，全力以赴、认真地去做该做的事，而成功的机会和希望也会大大增加。与此同时，由于自己变得宽宏大量，人们就会乐于同你交往，自己的朋友就会越来越多。

不要用过高的标准来苛求自己

生活能给我们带来快乐，也能给我们带来无尽烦恼。正如一首歌所唱道的："生活像一团麻，到处都有解不开的小疙瘩。"如何才能调整好自己的心态呢？这决定着一个人的人生观，有的人会严格要求自己，力求自己各方面都做得完美；有的人放松自己，做自己力所能及的事情。其实生活已经给人带来太多的压力，我们没有必要再过分苛求自己、劳累自己，每天保持一颗轻松的心态，去享受生活的每一个美好瞬间，岂不更好？

一个人，不论他热爱事业，还是热爱家庭，抑或其他，都没错，只是应该记住一点，那就是别忘了善待自己，使自己时刻保持一颗轻松的心态，别忘了关爱自己。如果连自己都不关爱自己，还指望谁会对你好呢？

在竞争激烈的社会里，许多人都不顾一切地开发着自己的潜能，一天只吃一顿饭也不觉得饿，一天只睡三四个小时也要强撑着，身体和精神的透支一天比一天严重。心理学家建议这些"拼命三郎"要善待自己，要学会宣泄、学会放松、学会宽容自己。

紧张的工作节奏让人体会不到轻松，才会有全身发紧的感觉。因此，当你紧张时不妨坐在一张有靠背的椅子上，轻闭双眼，放松身体。开始时，也许你体会不到放松，但这并不要紧，慢慢来，只要心灵放松，自然就会体会到轻松的感觉。

下班后到广场、街心花园、娱乐中心去散心，一天的不快就会随着美丽的霓虹灯、激情的歌舞一起烟消云散。也可以去做做运动，跑跑步，运动是宣泄自己、消除烦恼的有效方式。

另外要学会宽容自己，当做错事时，无限地责备自己，反而会给今后的生活投下了阴影，只有吸取教训，才能勇往直前。这时候，适当的阿Q精神也是十分必要的。比如，你被人抢了钱包还被打了一顿，你应该想，幸好他们打的只是我的身体，没有杀害我的性命。

做事做人都不要过分地苛求自己，因为这个世界上没有所谓的完美标准，过分地追求完美只会给自己带来烦恼。

陈妍是一个典型的完美主义者。像大多数人一样，她总是力求完美，一直用近乎苛刻的标准要求自己。虽然这对她的工作有帮助，但这种性格使她对自己的要求过于严格，并且她根本无法接受自己的过失，这对她造成了极大的伤害。因此，她放不下事情，错误使她感到丢脸、烦恼、彻夜失眠，并且回避他人。

设定高标准，努力工作并没有错，但当这种高标准让你在情感上无比痛苦或让你无法得到成功或幸福时，那就是苛求自己，就是错误了。

其实，世上万事万物的差别是很大的，没有必要强求同一个标准、同一种模式。无论如何，都不要过分苛求自己，应当学会关爱和善待自己。给自己一个空间，使自己时刻保持轻松的心态，只有这样，才会对生活充满了向往之情，也才能调动自己的积极性，成为生活的大赢家。

现在，请你举起一本书，当然，书的重量并不重要，关键是你能举多久。拿一分钟，相信你没问题；拿一小时，估计觉得手酸；拿一天，可能就要坚持不住了。其实这本书本身并没有变，但是你若是拿得越久，越不想放弃，你的负担就会越重。其实在生活中，你常常在不知不觉中重复着类似拿书这样的蠢事。

放弃和拥有不是一对矛盾的概念。如果总是一刻不停地追求，而不知道放弃，结果不但会白白浪费时间和精力，而且会因为无法实现目标而自寻烦恼。其实，放弃就是明智地绕过暗礁，理性地抵达成功的彼岸。从这个角度看，放弃需要更大的勇气。永不放弃只是个相对的概念，因为你的不放弃，无异于给自己施压；很难想象一个一辈子什么都不放弃的人，会生活得轻松，因为在他不放弃的过程中，要经历无数的坎坷和磨难，每一次的坎坷都会让他遍体鳞伤。“当你紧握双手，里面什么也没有，当你打开双手，世界就在你手中。”

生活中有太多的无奈：填报志愿，只能选择最喜欢的专业；面对众多追求者，选择自己最倾心的那个；婚姻失败，放弃那个早已不爱你的人，潇洒转身；经营人生，放弃自己的劣势；拷问内心，选择自己的良知……

放弃我们必须放弃的、需要放弃的，我们才可能拥有更多。一个老板在闲谈中，表示要在临死前把自己的财产捐出去。为什么不留给孩子们呢？老板解释，钱来得太容易，他们就不知道挣钱有多难，容易挥霍一空或是天天惦记着争夺财产。放弃财产，是为了让孩子们有更大的出息。可见，学会放弃，有时既是善待自己，也是善待别人。

在放弃的过程中，你要不断地思考：“我最想要的是什么，我能否去实现它，得到它的同时，我将会失去什么？这么做会不会给自己留下遗憾？”放弃不是逃避，它是主动地自愿把手松开，既不是功亏一篑，也不是半途而废，而是留给自己一个全身而退的空间，更大地发挥自己的优势，因此要懂得“聪明地放弃”。

聪明地放弃就是经营自己的长处，因为经营自己的长处能给你的人生增值，经营自己的短处会使你的人生贬值。不再为难自己，也不再勉强别人，以免给自己留下遗憾和伤痕。不要让那些无谓的东西占据心里最宝贵的空间，不如用一张纸记录下所有的悲伤、烦闷、急躁

与空落，然后按顺序，从次要到主要一一将其画掉，看看什么才是自己最想要的。

在生活中，一定要知道哪些应该放弃，脚踏实地地去选择适合自己的人生目标。在自己的世界里，随心所欲地绘出自己的天地。放弃会改善我们的形象，使我们显得更豪爽、更豁达；放弃会使我们的人生变得更精彩。

使自己散发出优雅的女人味

对于每一个成熟自立的女性来说，优雅在我们心中都有一个说不清却感觉得到的尺度，我们并非一定要去刻意追求所谓的优雅，不过女人一生中的每一步似乎都在无形地试图塑造着优雅。优雅是隐性的而非显性的，不会以非常露骨的、非常直接的形式表现出来，而是在我们内心的深处不自觉地日益强化。

不管承认与否，随着年龄的增长，我们都希望当岁月已经爬上额头、眼角时，逝去的只是青春的容颜，留下的却是永恒的优雅。

优雅的女人无人不喜欢，不管是男人还是女人。一般能让女人也喜欢的女人，往往不是那种拥有美丽面容、魔鬼身材的女人，而是优雅的女人。女人对于比自己漂亮的女人有一种天生的排斥感，愚钝的女人总是在抱怨：上天是如此不公，为何不将那样的身材与美貌赐予我呢？而优雅的女人往往是通过后天的努力，让人心服口服。

至于男人，不管是年轻的还是成熟的，都会很自然地被优雅的女人吸引、折服。优雅的女人像一口井，并不是男人看一眼就能一目了然的，她会给男人留下无穷的想象空间。男人心目中的优雅女人，或许外在的美丽是第一印象，但更重要的是内在的修养。

优雅不是天生的，也不是夸夸其谈地知道几个所谓的时尚代名词就优雅了。优雅是一种气韵，一种坚持，一种时间的考验，优雅更是一种恒久的时尚。从一个女人优雅的举止里可以看到一种文化教养，让人赏心悦目，当优雅成为一种自然的气质时，这位女性一定显得成熟而温柔。

时髦，可以追，可以赶，可以花大钱去“入流”，而优雅却是模仿不来、着急不得的事。

女人怎样才能够优雅呢？有人说，除非她遇到一个好男人，这个男人给予她所有优雅的动力与勇气，还有物质条件。男人们总有一种感觉，赚了足够的钞票供养女人，让她衣食无愁，在丰富的物质面前，女人优雅的气质和内容就会表现出来。其实并非如此，女人的优雅不是物质生活堆积出来的，即使优雅的生活多少与物质有一定关系。

你想知道一个女人是否过着优雅的生活，你首先要问她，她是否有能力创造幸福？她的生活内容是否真实？她的感受是否是自然流露出来的？如果她无法确定，那么她必然是生活在别人设计的图纸上，优雅的生活就无从谈起。其实，只要不断提升自己的品位修养，就能逐渐向优雅靠近，品位高了，你的生活中优雅的内容也就会自然而然地增加。

优雅的生活是简单而丰富的，个人的品位和素养或许才是其中的关键。

外表漂亮的女人不一定优雅，但自信的女人却一定有她别样的魅力。魅力来自于美好的仪态，一个优雅的女人，通过她的举手投足、一颦一笑、姿势体态、语言谈吐，就能看到优雅的影子，她总是在不经意间就将女性的魅力展现于人们的眼前。

所以说，想要成为一个有着优雅气质的女人，单单有美丽的外表还远远不够，你还需要拥有良好的仪态，仪态是身材、容貌、谈吐、气质、内涵的综合体现，包含了娇媚、温柔、情趣、自信、学养等复杂内容。既有先天的因素，更多的则来自后天的修炼。你可以不断通过各种仪态方面的训练和内在的修养，使自己逐渐成为一个优雅的女人。

优雅的女人离不开自立、自强，只有成就这些，才能成就优雅。不管作为个体还是处于群体中，女性的潜力都是不可估量的，女性的独立自主将会产生一种巨大的爆破力，将和男性站在同样的竞争平台上。所谓优雅，是一种知识的积淀，不管是直接的还是间接的，都是一种必需的积累；优雅不是一种形式上的东西，它需要你在生活中学习，需要你以丰富的人生经历来成就。优雅有着终生学习的特性，它是台阶式的，学一点，修一点，修一点也就提升一点。优雅是够一个女人学习一生、坚持一生的，它也会让你受益一生。

让自己的气质彰显女人独特的魅力

著名女主持人、企业家靳羽西不靠追赶时髦，而是依靠自己的气质彰显独特的魅力。一本《魅力何来》，使她魅力四射。靳羽西是个成功和有魅力的女人的典型代表，《纽约时报》称她为“中国化妆品王国的皇后”，她是美国电视六强人之一，她影响了一代的中国人和电视主持人。她获得了许许多多的成就奖，同时更是个漂亮的充满女人味的女人。她很聪明，在 25 岁以后给自己的衣着打扮做了定位。25 岁以前，她也和爱赶新潮的年轻人一样，尝试新的东西，极喜欢冒险，并显示自己的与众不同。她那时赶时髦，追流行，把头发染成金色，涂蓝色的眼影。25岁以后，她开始知道什么才是使自己漂亮的东西。也可以说，她从盲目地追求流行中进行了反省。

因此，靳羽西从此不再花时间和金钱去追求那些虽然流行但并不能使她变得漂亮的时髦。为了工作，为了成功，她需要一个成熟的、有品位的自我形象。她选择的“整齐流海、扣边的短发”发型，既使她看上去比同龄人年轻，又保持了她内在的不老的青春活力；既不妖冶，又很朴素高雅。这一发型似乎成了她生活的固定选择。远远看去，就知道是靳羽西形象。她对流行色有独到的见解，能使皮肤白嫩些、细腻些、年轻些、更漂亮些的颜色就是永恒的流行色。在大家追求和崇尚西方的金发碧眼时，靳羽西却认为亚洲人的黑发就是美，她保留了黑发的黑、真的特点，她不认为黄皮肤是丑的，相反，她觉得这是人种的象征，也是美丽肤色的一种，关键是要使这种肤色成为一种健康色，打扮的结果是要使这种肤色更美丽，而不是要改变它。显然，她的定位——新色彩、新风格和新服装使她光彩照人，她的形象设计得到了全世界的认可。她的独特的气质使她永远充满魅力。

世界上不存在永远新奇的衣饰，却存在永不过时的品位。拥有几套款式大方、质地较好、色彩含蓄的服装，只要经过巧妙地搭配、适度地点缀，就可以在任何环境中都不失其雅、免于流俗。要想具有永恒的魅力，就要保有不变的个性，永不为外界所纷扰。一味追求他人创造的时尚，只能说明你对自己缺乏基本的自信。

让自己展现出优雅的行为举止

行为举止是一个人自身修养在生活和行为方面的反映，是映现一个人内涵的一面镜子。没有优雅的举止，就没有优雅的风度。在为人处世中，优雅的举止、高雅的谈吐等内在涵养的表现，会给人留下更为良好而深刻的印象。

有“礼”走遍天下，无“礼”寸步难行。个人礼仪将直接影响一个人的受欢迎度，所以得体的举止是众多礼仪中比较重要的一部分。在某种意义上，人的举止这种无声的语言，绝不亚于口头语言所发挥的作用。

在生活中，如果一个人举止得体，就会给人留下非常好的印象，受到人们的喜爱，在办事时就会处处受到照顾。

举止礼仪并不是个别人规定出来的，而是大多数人经过实践并被充分认可的。所以，你如果举止不得体，就会被人们看不惯，别人就会认为你对周围人以及交往对象不尊重，那你办事的效果就可想而知了。

在日常生活中，我们经常碰到这样的人：他们或是仪表堂堂，或是漂亮异常，然而一举手、一投足，便可现出粗俗来。这种人虽金玉其外，却是败絮其中，只能招致别人的厌恶。所以，在办事活动中，要给对方留下美好而深刻的印象，外在的美固然重要，而高雅的谈吐、优雅的举止等内在涵养的表现，则更为人们所喜爱。这就要求我们应当从举手、投足等日常行为方面有意识地锻炼自己，养成良好的站、坐、行姿态，做到举止端庄、优雅得体、风度翩翩。

人们一定要遵守举止有度的原则。我国古代对人体举止就有“站如松、坐如钟、行如风”的审美要求。正确而优雅的举止，可以使人显得有风度、有修养，给人以美好的印象。反之，则显得不雅，甚至失礼。

点头是一种最常使用的礼貌举止，经常用于与他人打招呼。用点头来打招呼时，点头者应两眼看着对方，面部略带微笑，等对方有表示时再转向他方。点头打招呼也可以在较大的迎送场合使用，当迎送者较多或距离较远时可以用点头表示敬意，也可以点头和招手配合使用。

举手是一种与对方距离较远或交臂而过时间仓促时的打招呼方式，也是一种常见的礼貌举止。由于条件所限，打招呼者无法与对方交谈或站停施礼，在这种情况下，举手打招呼是最合适的。这种方式不但可以表示认出了对方，而且还可以在短时间里、远距离内表达你的敬意。

起立是一种在较正式场合使用的礼貌举止。在较正式场合里，有长者、尊者到来或离去时，在场者应起立表示敬意。如长者、尊者是来访，在场者应起立表示敬意，待来访者落座后，才可坐下；如长者、尊者是离去，待他们离开即可落座。

鼓掌是在社交场合表达赞许或向别人祝贺等感情时的礼貌举止。在正式的社交场合，重要人物出现、精彩的演讲完毕或表演结束，人们可以用鼓掌来表达自己的敬意和赞赏。鼓掌通常应该出声；不出声仅做出鼓掌的样子也可以，但要让别人看见你的动作。

待人接物要展现出应有的风度

在待人接物的过程中，我们的一举一动、一言一行都是其内在美的外在表现，都应展现出自己的风度，特别是在较大、较隆重的场合。在商务交往过程中，风度集中表现为不卑不亢，落落大方。

不卑不亢是一个人待人接物时的基本要求。不卑即是不妄自菲薄，不可在别人面前低三下四，不丧失民族气节，不可见利忘义，要维护民族尊严，讲人格、国格。不亢即是不盛气凌人，不夜郎自大，

要发扬中华民族热情好客的传统美德，保持“礼仪之邦”的民族形象。

风度主要是在处理人与人之间的关系中表现出来的。在处理上下级之间、同事之间、客户之间的关系时，都要展现出不卑不亢，一体待人，一视同仁，不以貌取人，不以财取人的风度。

落落大方是指举止自然，不拘束。一个见多识广的人，善于学习的人，更能适应于各种环境，不感到拘束。必须不断地充实自己的内在，使自身的德、才、学、识都十分充实，这时在待人接物、处理各种人际关系时必然会落落大方。

风度之美是内在美的自然流露，装腔作势是不成的。要具备良好的风度，就必须有良好的德、才、学、识，而这些又必须靠日常的训练养成。良好的文化素养、渊博的学识、精深独到的思辨能力，是构成良好风度的重要的内在因素，通常可以通过语言、举止、态度等转化为外在的形式。若胸无点墨，不学无术，金玉其外，败絮其中，就不可能谈及到风度。所以说风度即是一个人的内在美，通过言谈、举止、服饰、态度和作风等形式的一种自然流露。

内在美是指一个人的思想、情操、品德和道德美，即人格美。它要求人们注重思想品德和情操的修养，做到“爱国、正直、诚实”。不做有辱人格、国格的事，不损人利己，不弄虚作假。礼貌修养是风度的重要内容，是一种美德，又是一个人良好的道德品质的外化。若一个人的内在不美，而只是在外表装出一副美的“架势”，这就是虚伪。强调一个人的内在美，当然也应肯定他的外在美，发育匀称的身材、秀丽的容貌、适度的服饰都会给人以美的感受。但是，外在美必须与内在美统一起来，且更重要的是人的内在美。

人的美除了表面的东西之外，还要包括很多东西，诸如品德、学识、修养、举止、谈吐、能力、智慧、兴趣、格调……

只有同时能认识到要通过丰富的内涵以求得真正的美，那么它形之于外的才可能是与之相适应的整洁、朴素、典雅、庄重、大方等，而不是其他。可见，内在美是良好风度的内核。正如奥斯特洛夫斯基说的："人的美并不在于外貌、衣服和发式，而在于他的本身，在于他的心。要是人没有心灵美，我们常常会厌恶他漂亮的外表。"

给自己树立一个精明能干的形象

每个人都希望能够把事情做好。所以，大家对于那些办事干脆利索、能够把事情做好的人都有着极好的印象，都会对这些人赞赏有加，另眼看待。如果一个办事拖沓、让人产生不了一点信任感的人，又怎么能够使你产生信赖感呢？

要想将事情办好，就要树立自己利索能干的形象，使别人都信任你，都愿意与你合作。要想树立利索能干的形象，首先做事不要拖泥带水。有了事情自己着手去做，不拖泥带水；出现了问题立即着手解决，毫不拖延，这样就会使别人相信自己的能力，自然而然地树立起一个干脆利索的能干形象。发现问题，立即着手解决，毫不拖泥带水，自己干练利索的形象自然而然地就被树立起来了。

将约会时间精确到"几点几分"。如果在与人约会的时候，你将时间定为"大约几点"见面，会使人产生你很悠闲的感觉，认为你无所事事，自然对你的印象就会大打折扣。反之，如果你能够将你的约会时间精确到"几点几分"，对方就会认为你的工作很忙碌，并且很能干，自然会对你另眼看待。

将说话的重点归纳为三个重点。人的潜意识里，"三"是一个衡

量数字的标准，超过“三”者为多，不足“三”者为少。所以，将许多要谈及的事情都概括为三点，既重点鲜明，又简洁明了，使听众很容易铭记于心，自然会对你很有好感。

在工作中享受生活

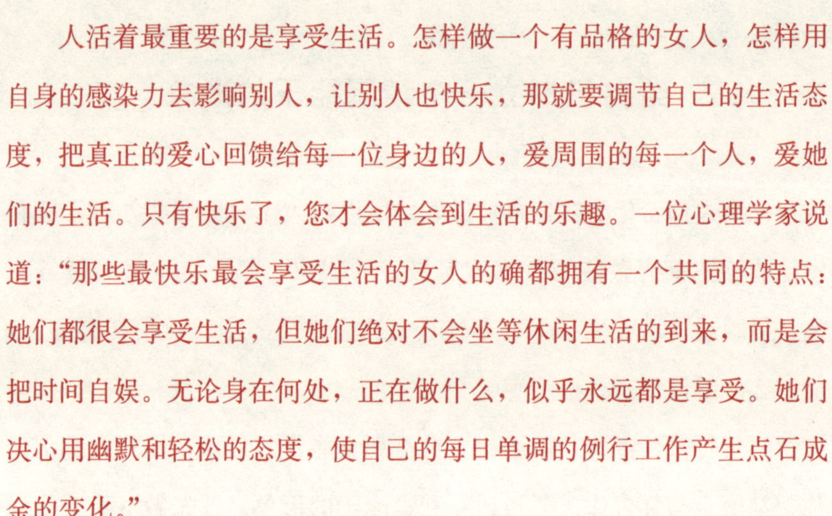

人活着最重要的是享受生活。怎样做一个有品格的女人，怎样用自身的感染力去影响别人，让别人也快乐，那就要调节自己的生活态度，把真正的爱心回馈给每一位身边的人，爱周围的每一个人，爱她们的生活。只有快乐了，您才会体会到生活的乐趣。一位心理学家说道：“那些最快乐最会享受生活的女人的确都拥有一个共同的特点：她们都很会享受生活，但她们绝对不会坐等休闲生活的到来，而是会把时间自娱。无论身在何处，正在做什么，似乎永远都是享受。她们决心用幽默和轻松的态度，使自己的每日单调的例行工作产生点石成金的变化。”

现在做全职太太的女人没有几个，女人们大多走出家门，找一份自己真正喜欢的工作。有一些女人不甘心，从小处创业，如开个美容店等。不过谈何容易？尤其是在人才济济的市场上，各方面的竞争是如此激烈。另外，还有些女人觉得自己应该为家庭承担些负担，但她们很快就会发现自己什么都挑不起来，因为花钱的习惯已经养成，但是赚钱的本事还没有培养出来。这时，生活逼着你必须去做，永远没有尽头。

一般来说，人们每周只有约16小时的休闲时间。而对于那些要上班的女人，休闲更是一种奢求。据调查指出，大约有25%的女人总觉得匆匆忙忙。对于缺少空间和时间，基本上没有办法改变很多。但是女人可以改变一下自己的态度与观点，自我反省一下：这些日子以来，你享受过任何乐趣吗？如果你跟大部分的人一样，你的答案可能是没有。为什么没有呢？多半可能是因为罪恶感。中午散步半个小时，戴着随身听，欣赏好音乐，或听评书，或跟同事一起轻松地聊聊天，而且不要谈公事；早晨早点起床，趁着宁静的清晨，读几页书；晚上做点手工艺，玩玩电脑或在网络上聊天。

有许多现代女性认为，如果承认自己需要帮助，并要求别人帮忙，可能会有碍前途。几位受访的女人认为，女人因为害怕被看成没有用、能力或经验不足，所以常常不开口请人帮忙。但是这种“我能一手包办”的态度，正是女人疲于奔命的主因。女人不但应该学习要求帮助，也应该学习如何有效授权。

随着不断晋升，女人最终都必须放弃一些之前工作的领域，即使那是自己非常喜欢的事。如果女人不这么做，就会付出过多的责任，甚至自己的上司也可能把自己当成过去职位较低的那个人。

当女人能找出别人为自己付出及与自己合作的最大动机时，也许对自己就很有帮助。或许女人很讨厌某种工作，但自己的同事或下属会很喜欢的。把工作交给他人去做，是正确的。每个人在面对自己不想做的事情，都会拖延做事的时间。结果等到火烧眉毛，事情只会变得更难办。

遇到这种状况，如果你把事情交给别人办，至少事情能早点完成。要放弃控制权是件困难的事。有时，你授权的结果会让你无法消受。但是如果你能向下属充分解释其中的过程，并解释这项工作整体上的重要性，通常会有很大的帮助。如果他们能了解这项工作对整体目标的重要性，他们通常就会有很好的行为表现出来，这样也能达到你想要的效果。

同时，女人要永远记住：享受生活并不是享受生活所带给您的结果，而是享受过程！

虚心检讨自己的错误

当你做错事时就勇敢地认错，不要因此做些无谓的辩解。“失败乃兵家常事”，这根本就不足为奇。而且，当你勇于承认并虚心检讨自己的错误时，你往往会得到更多实质性的好处。我国有一家彩电厂，一次一位用户来信说：“正看着电视，突然在荧光屏上出现一道白烟，随即图像消失了。”工厂经检查发现问题发生在进口的滤波电容器上。有的同志算了一笔账，一年共卖出电视机 8 万台，其中有 40 台出了毛病，返修率不过万分之五，远远低于国家规定的标准，完全可以不予理睬。然而，厂领导却认为，对厂里来说是万分之五，对用户来说却是万分之一。因此决定把卖出的 8 万台电视，全部为用户换下滤波电容器。但是，这 8 万台电视机已销到 28 个省、市、自治区，都挨个换下电容器谈何容易。有人主张给找上门的修，没找上门的就算了。厂长不同意，他们组织该厂在全国的 126 个维修点出面，在当地报刊电台上登广告，请买了这批电视机的顾客一律到维修点，免费更换电容器。最后经过核算，厂里拿出 100 万元作为维修这批电视机的费用。他们虚心检讨了自己的错误，没将责任推在消费者身上，只是在经济上受到一些损失，但却赢得了对用户负责、质量第一的好名声，从而赢得了更高的信誉。

有人可能认为要自己承认错误是件丢人的事，特别是那些高高在上有身份的男人，他们可能觉得这样做有损他们男人的威风，有损他们的尊严，会觉得丢不起面子。那么我们可以回顾历史，看看唐太宗是怎样成为一名明君的。唐太宗开始也是对别人的责备很恼怒，特别是他的大臣魏征，经常当着满朝文武百官的面和他辩论政物。唐太宗说不过他就拉下脸来，但魏征对他的脸色变化视而不见，继续据理力争，弄得他下不了台。有一次，两人各不相让，在早朝上为一件事争得面红耳赤。为了维护自己的形象，唐太宗没有当场发作。退朝后，回到内殿，便气冲冲地破口大骂，还说要是有机会让他逮到机会，一定要让魏征人头落地。此话正好被长孙皇后听到，便问他因何事而恼怒，待唐太宗说明原因后，她不动声色地回到寝室换了套正式朝觐时穿的衣服，一出来就对唐太宗行了跪拜祝贺大礼。唐太宗见状，不知她葫芦里卖的什么药，便问她怎么回事。长孙皇后说道："我听说，只有在英明天子的统治下，才会有正直无谓的大臣。魏征的直言不讳，不正说明了皇上的英明吗?"长孙皇后的一番话，让唐太宗清醒过来。从此，唐太宗非但没有嫉恨魏征，反而勉励大臣们以后要多向魏征学习，多给自己提意见，揭自己的短。他是一个至高无上的皇帝，为了使自己能成为一代明君，他能敢于认错，广纳谏言，但他并没有因为承认错误而损害自己的威信，丢了面子。相反的，他为此成了流芳百世的旷世明君。在他的主政下，出现了历史上少有的太平盛世——贞观之治。有关他的佳话也在民间广为流传。

唐太宗这样位高权重的帝王都能虚心检讨自己，勇于承认错误。为什么我们这么平凡的人却不能做到呢？相信我们是可以做到的。人生在世，难免会有对不起别人的地方。遇到这种情况时，有些人往往不愿道歉，怕丢面子，怕抬不起头。但是这样一来，又时常私下心情不安，甚至有点惶恐。为什么会这样呢？因为良心不安，因为若有所失，因为内疚于心。那么，何不说一声"对不起"呢？每个人都会有对不起人的时候。真正的道歉不只是认错，它是承认你的言行破坏了彼此的关系；而且你对这关系十分在乎，所以希望重归于好。承认自己不对，心理会很难受，脸上挂不住，做起来更不容易。不过你一旦决心面对现实，不再倔犟，便会发现，认错对消除宿怨、恢复感情确有奇效。有时，我们迟迟不道歉，是因为怕碰钉子，碰了钉子就要没面子了。这种令人难堪的可能性是有的，但是不大。原谅别人可以祛除心里的怨恨，而怨恨是损伤心灵的，有谁愿意反复蒙受痛苦和怨恨的折磨呢？

“人非圣贤，孰能无过？”朋友之间免不了发生一些不愉快的事情，比如感情冲动，话说过头，事做过火；由于方法不当，说错了话，办错了事，等等。遇到这种情况，丝毫不要羞羞答答、扭扭捏捏、遮遮掩掩，而是要勇敢地向朋友道歉。衷心的道歉不但可以弥补破裂的关系，而且还可以增进感情。有些人认为，朋友之间用不着客套，即使有所冒犯也无须道歉。其实错了。生活中因为一件小事、一句言语、一次口角、一个行为就使老友翻脸、夫妻反目的事不是常有的吗？因为不肯道歉和认错，或者找各种借口来掩饰自己的过错，只能加深矛盾，使朋友生气。虚心承认错误，并非耻辱，而是真挚和诚恳的表现；虚心承认错误，可以避免一场纠纷的爆发。

切勿在职场中搬弄是非

搬弄是非是丑恶的、令人难以接受的行为，是另外一种道德恶疾。它是社会联系和人际交往中导致许多道德方面的卑劣行为和错综复杂的纷争的根源之一。

搬弄是非的定义是这样的：把别人的话搬来弄去，有意从中挑拨出是非来。比方说，在某个场合甲曾经议论过乙。其中一个在场的人跑到乙跟前，对他说：甲如此这般地说你。或者说：甲对你的看法是如何如何。显然，当传话的人对说话的人没有好感，甚至是抱有成见、心怀叵测、别有图谋的时候，所转述的内容也往往是对甲进行批评、指责和挑剔。否则，如果对他夸奖、颂扬，这就不可能导致两人间的误解和隔阂了，仇恨更是无从谈起，那就不称其为搬弄是非了。

搬弄是非让我们时刻感受到生命的“活力”。谁和谁又吵架了，谁和谁又离婚了，谁又升职了，谁又被解雇了，为什么他会喜欢她？为什么他们要形同陌路？听说他和他的女秘书关系暧昧！听说他们已经同居了！听说上面有意要提拔他（她）！这些大概是所有的办公室闲话、家族闲话、朋友闲话的开场白和主题中心以及模式。

张琳从小就争强好胜，凡是周围有比自己强的人，她都要想办法把别人压下去，特别是办公室竞争这么激烈，她岂能不主动出击？首先搞定老板，与他保持密切的交往，这样说话好使。只要有与自己有竞争的对手，那就在老板面前编排他些是非，用老板的手，把他们按下去。几年下来，她的地位不断上升，可是，与她同办公室的人都觉得活得好累。而张琳自己呢，虽然青云直上，但是，也觉得更累，还担心自己机关算尽太聪明，反误了很多好的机遇。办公室里常常会飘出这样的飞短流言；要知道这些飞短流言是职场中的“软刀子”，是一种杀伤性和破坏性很强的武器，这种伤害可以直接作用于人的心灵，它会让受到伤害的人感到非常厌倦。要是你非常热衷于传播一些挑拨离间的流言，至少你不要指望其他同事能热衷于倾听。经常性地搬弄是非，会让单位上的其他同事对你产生一种避之唯恐不及的感觉。要是到了这种地步，相信你在这个单位的日子也不太好过，因为到那时已经没有同事把你当回事。在职场中，有这样一类人，他们既是“包打听”——对同事的公事、私事有着异乎寻常的兴趣；同时还是“小喇叭”——不管从哪儿听到一些或真或假的消息，他们都会在第一时间散布出去。这种人的数量可能不多，但却很常见，他们以非常不负责任的态度，胡乱散布流言飞语，在职场内部形成了很多不稳定因素，也给很多人带来了伤害。

古人早就告诫我们，宁可得罪君子，不要得罪小人。身在职场，难免会遇到喜欢搬弄是非的小人，当职场内部因为小人的缘故而流言四起时，聪明人就应该学会如何与小人相处：对于那些喜欢传播流言的小人，既不能和他们沆瀣一气，也不能横眉冷对。最好的办法就是使双方的关系既不太远、也不太近，既不刻意讨好、也不过于苛刻，只有这样，才能避免来自小人的伤害。

自信是人生最为宝贵的财富

一个人的自信度有多高，他的人生境界就有多高。自信决定了人生的高度。不要等待别人给你自信，建立顽强的自信吧，这样你会感觉自己有驾驭生活的强劲能力，从而对生活充满乐观，你的人生也会因此充满快乐。要相信自己是最棒的，成为一个优秀的人一定要有充分的自信，相信自己是最棒的，相信自己一定会取得成功。

有一位年轻人，工作了一段时间不是很顺利，因此觉得自己的前途没什么希望了，继而非常沮丧颓废。有一天，他把自己的苦恼跟一位年迈的长者诉说，长者听完后给了他一幅油画，并对他说：“你把这幅油画拿到市场上去卖，但无论谁要买这幅油画，你都不要卖。”年轻人来到市场，第一天、第二天、第三天都无人问津，直到第四天才有人询问。到了第七天，这幅油画已经能卖到一个不错的价钱了。年轻人拿着油画去找这位长者，他说：“你再把它拿到拍卖会上去拍卖。”最后这幅油画以惊人的价格被一个富商买走。其实，这幅油画不过是一个初学者的习作，一幅很普通的油画。

其实人与那幅油画在不同的地方被卖出不同的价格是一样的道理，如果你认定自己是一个平凡、普通的人，那么你永远不会取得很大的成功；如果你坚信自己是一个宝贵的人才，那么通过自己的努力，你就一定会成功。你认为你是什么样的人，你就会成为什么样的人。《福布斯》是与《财富》、《商业周刊》并驾齐驱的三大杂志之一。大卫·梅克是《福布斯》的总编。有一次，梅克宣布将要解雇一名员工。有位员工实在太担心、太紧张，因为他觉得自己在公司的表现很糟糕，最后忍不住就直接去找大卫·梅克问道：“大卫，你要解雇的是不是我?”大卫·梅克慢悠悠地说：“本来我还没有想好是谁，不过，既然你提醒了我，那么就是你了。”于是，那位员工当场就被炒了鱿鱼。

世界充满了成功的机遇，也充满了失败的可能。所以，我们要不断提高应对挫折与干扰的能力，调整自己，增强社会适应力，坚信失败是成功之母。若每次失败之后都能有所领悟，把每一次失败当做成功的前奏，那么就能化消极为积极，变自卑为自信。对自己充满信心，就会在未来的广阔空间里，获得自己的生存方式和发展方式。未来的世界充满了无数成功的可能，这种机会对于每个人而言，都是均等的，重要的是你对自己要有信心，自信是人生的真正财富。

管理人员在训练鲸鱼跳高时，首先用白线标示一定的高度，只要鲸鱼跳到这个高度，就会给予它们一定的食物奖励。这样，鲸鱼从1米、2米、3米……一直到十几米。可见，成功不是一蹴而就，而是一步一个台阶不断提升的。可是有很多人都急于求成，他们恨不得一下就跳到10米，如果一次达不到那个高度，他们就认为自己没有能力，从而对自己灰心丧气，彻底否定，做什么事情都在怀疑自己，不肯再付出真正的努力，一旦遇到挫折，他们就常常半途而废。他们限制了自己的潜能，阻碍了自己能力的发挥，最终也就不可能有真正的收获。

在生活中也是如此，如果你相信自己的潜力是无穷的，你是足够优秀的，你相信自己的成绩远不止眼前这些，这样，你就能真正达到你心中的目标。自信的人有豪气，敢于生活，敢于面对现实、面对困难。充满自信的人，有着愉快的心情，一生充满自信的人必定是一个经常欢乐愉快的人。就此看来，能够始终保持自信确实可贵。但经过生活的磨炼，许多有自信心的人也变得冷静、沉着、谦卑起来，因为他们有了生活的经验，变得更加聪明了。如果自信与丰富的生活经验、智慧结合起来，此人将有聪慧愉快的一生。

第4章　谈吐不俗，才会让人称赞有加

恰当地表达自己的谢意和歉意

得到上司、同事、客户的关照后，一定要当面说一声“谢谢”。受到他人夸奖的时候，应当说“谢谢”。这既是礼貌，也是一种自信。旁人称道自己的衣服很漂亮、英语讲得很流利时，说声“谢谢”最是得体。获赠礼品与受到款待时，也不要忘了郑重其事地道谢。“谢谢”是肯定，也是鼓舞，是对对方最高的评价。

表示感谢，最重要的莫过于要真心实意。为使被感谢者体验到这一点，务必要做得认真、诚恳、大方。话要说清楚，要直截了当，不要连一个“谢”字都讲得含混不清。表情要加以配合：要正视对方双目，面带微笑。必要时，还须专门与对方握手致意。表示感谢时，通常应当加上被感谢者的称呼。如“马小姐，我专门来跟您说一声谢谢”、“许总，多谢了”。

越是这样，显得越是正式。表示感谢，可以顺便提一下致谢的理由。如“王老师，谢谢您的帮助”，免得对方感到空洞或“茫茫然不知所谓”。

除了“谢谢”两个字，表达谢意还有许多方式方法，可以针对不同的情况灵活运用。道谢有口头道谢、书面道谢、托人道谢、打电话道谢之分。一般地讲，当面口头道谢效果最佳。道歉的好处在于，它可以冰释前嫌，消除他人对自己的厌恶感，也可以防患于未然，为自己留住知己，赢得朋友。

道歉语应当文明而规范。有愧对他人之处，宜说“深感歉疚”、“非常惭愧”；渴望见谅，需说“多多包涵”、“请您原谅”；有劳别人，可说“打扰了”、“麻烦了”；一般场合，则可以讲“对不起”、“很抱歉”、“失礼了”。道歉也可以借助于“物语”。有些道歉的话当面难以启齿，写在信上寄去也成。对西方妇女而言，令其转怒为喜、既往不咎的最佳道歉方式，无过于送上一束鲜花，婉“言”示错。这类借物表意的道歉“物语”会有极好的反馈。

道歉应当及时。知道自己错了，马上就要说“对不起”，否则拖得越久，就越会让人家“窝火”，越容易使人误解。道歉及时，还有助于当事人“退一步海阔天空”，避免因小失大。在态度上，应当自然、大方。道歉绝非耻辱，故而应当大大方方，堂堂正正，完全彻底。不要遮遮掩掩，“欲说还休”。不要过分贬低自己，说什么“我真笨”、“我真不是个东西”，这可能让人看不起，一些素质不高的人也会因此得理不饶人，得寸进尺。

让寒暄成为一种习惯

寒暄和客套是人们相逢之际所打的一种招呼。在多数情况下，二者应用的情景都比较相似，都是作为交谈的“开场白”来被使用，其主要用途是在人际交往中打破僵局，缩短人际距离，向交谈对象表示自己的敬意，或是借以向对方表示乐于与之结交的意思。所以说，在与别人见面时，若能选用适当的寒暄和客套语，往往会为双方进一步的交谈做好良好的铺垫。反之，在本该与对方寒暄客套几句的时候一言不发，则是极其无礼的。

在被介绍给别人之后，应当跟对方寒暄。若只向他点点头，或只是握一下手，通常会被理解为不想与之深谈，不愿与之结交。

跟初次见面的人寒暄，最标准的说法是："你好!""很高兴能认识您!""见到您非常荣幸!"等。比较文雅一些的话，可以说"久仰"或者"幸会"。

要想随便一些，也可以说："早听说过您的大名"、"某某人经常跟我谈起您"，或是"我早就拜读过您的大作"、"我听过您做的报告"，等等。

碰上熟人，也应当跟他寒暄一两句。若视若不见，不置一辞，难免显得自己妄自尊大。跟熟人寒暄，用语则不妨显得亲切一些，具体一些，可以说："好久没见了"、"又见面了"，也可以讲："您气色真好!""您的发型真棒!""您的小孙女好可爱呀!""今天的风真大!""上班去吗?"等。

不要过于程式化，像写八股文。例如，两人初次见面，一个说："久闻大名，如雷贯耳，今日得见，三生有幸。"另一个则道："岂敢，岂敢!"搞得像演出古装戏一样，就大可不必了。

寒暄语应带有友好之意、敬重之心，既不容许敷衍了事般地打哈哈，也不可用以戏弄对方。"来了"、"瞧您那德行"、"喂，您又长膘了"等，自然均应禁用。

牵涉个人私生活、个人禁忌等方面的话语，最好别拿出来"献丑"。例如，一见面就问候人家"跟女朋友吹了没有?"或是"现在还吃不吃中药?"等，这些都会令对方反感至极。

寒暄语不一定具有实质性内容，而且可长可短，需要因人、因

时、因地而异。

与人交谈时用好你的眼神

眼神一向被认为是人类最明确的情感表现和交际信号，在面部表情中占据主导地位。眼睛具有反映深层心理的特殊功能。人的喜怒哀乐、爱憎好恶等思想情绪的存在和变化，都能从眼睛这个神秘的器官中显示出来。因此，眼神与谈话之间有一种同步效应，它忠实地显示着说话的真正含义。与人交谈，要敢于和善于同别人进行目光接触，这既是一种礼貌，又能帮助人们维持一种联系，使谈话在频频的目光接触中持续不断，更重要的是眼睛能帮你说话。

然而在日常办公室生活中，有些人却不懂得眼神的价值，以至于在某些时候感到眼睛成了累赘，于是总习惯于低着头看地板或盯着对方的脚，要不就“顾左右而言他”，这是很不利于交谈和发挥口才的。要知道，人们常常更相信眼睛。谈话中不愿进行目光接触者，往往叫人觉得在企图掩饰什么或心中隐藏着什么事。眼神闪烁不定则显得精神上不稳定或性格上不诚实。如果几乎不看对方，那便是怯懦和缺乏自信心的表现。这些都会妨碍交谈。

当然也不能老盯着对方。英国人体语言学家莫里斯说：“眼对眼的凝视只发生于强烈的爱或恨之时，因为大多数人在一般场合中都不习惯被人直视。”长时间凝视有一种蔑视和威慑功能。因此，在一般社交场合不宜使用凝视。研究表明，交谈时，目光接触对方脸部的时间宜占全部谈话时间的30％～60％，超过这一界限，可认为对对方本人比对谈话内容更感兴趣；低于这一界限，则表示对谈话内容和对对方都不怎么感兴趣。后二者在一般情况下都是失礼的行为。

直接的目光接触是坦诚的表示，但并不是目光凝视，过长时间盯视别人的眼睛会给人带来压力，给人一种侵犯感。我们所要做的其实不是随时直视别人的眼睛，正确的做法是注视对方的面部，可以是嘴巴附近，并不需要盯视对方的眼睛，并且不需要随时如此。只要我们保持适度的注视，不时地和对方进行短暂的目光接触就好。

时刻要体现出个人品德和修养

在日常工作中，我们很难做到，其实也没必要做到“有求必应”，有时应该学会拒绝。但否定别人的言论和行为，本身就是一件容易伤害感情、导致尴尬局面的事情，只要注意话语的含蓄和否定的技巧，就能避免这些情况的发生，使生硬的拒绝也有一副可爱的面孔，从而在轻松愉快的气氛中完成“否定”的任务。这就是委婉拒绝的艺术。在职场人际交往中，通常采用以下一些方法：

推己及人，博得同情。三国时期，华歆在孙权手下时，名声被曹操听到了，他便请皇帝下疏招华歆进京。华歆起程的时候，亲朋好友千余人前来相送，赠送了他几百两黄金作为礼物。华歆不好当面谢绝，使朋友们扫兴，便暂时来者不拒，统统收下来，并在所收礼物上偷偷记下了送礼人的名字。酒散临别之时，华歆起来对朋友们说：“我本来不想拒绝各位的好意，却没想到收到这么多的礼物。但匹夫无罪，怀璧其罪。想我单车远行，有这么多贵重之物在身，诸位想想我是否有点太危险了呢？”朋友们一听，立刻知道了华歆的心意，便各自取回了自己的东西。

中国人生性敦厚，古道热肠，一般不愿意也不习惯拒绝别人。可是在很多情况下，我们为了避免多余的困扰，对一些不合理或不合自

己心意的事都想拒绝，但怎样在不伤害对方自尊心的基础上达到这一目的呢？当对方提出请求后，不必当场拒绝，你可以说："让我再考虑一下，过几天答复你。"这样，既使你赢得了考虑如何答复的时间，也会使对方认为你是很认真对待这个请求的。

让幽默营造拒绝的气氛。幽默的语言具有鲜明的个性和趣味性，很容易吸引人们的注意力，给人留下深刻的印象。而且，现代社会中一个具有幽默感的人往往更容易被他人所接受。所以，在与他人交往中，完全可以多用一些风趣、幽默的语言来增强说理的吸引力、感染力。

谈话时要注意与对方的距离

俗话说，人就像冬天的刺猬，太近了会刺伤人，远了又觉得孤独和寒冷。也就是说，人与人之间应该保持一定的距离。总结起来，人在交往中无非就有以下几种不同的距离，即亲密距离、个人距离、社交距离和公众距离：

亲密距离。这是人际交往中的最小间隔或无间隔，即我们常说的"亲密无间"，其距离范围近约15厘米之内，彼此间可能肌肤相触，耳鬓厮磨，以至相互能感受到对方的体温、气味和气息。远约15厘米～44厘米之间，是关系比较密切的同伴之间的距离，也是在拥挤的电车中人与人之间不即不离的距离。此时，身体上的接触可能表现为挽臂执手，或促膝谈心。半米以内，在异性，只限于恋人、夫妻等之间，在同性别的人之间，往往只限于贴心朋友。人们熟悉的"办公室性骚扰"就发生在这一人际空间。

个人距离。个人距离的范围是50厘米～100厘米之间，人们可以在这个范围内亲切交谈，又不致触犯对方的近身空间。这是人际间隔上稍有分寸感的距离，已较少直接的身体接触。美国人还十分讲究“个人空间”。和美国人谈话时，不可站得太近，一般保持在 50 厘米以外为宜。平时无论到饭馆还是图书馆也要尽量同他人保持一定距离。不得已与别人同坐一桌或紧挨着别人坐时，最好打个招呼，问一声“我可以坐在这里吗?”得到允许后再坐下。

社交距离。社交距离的范围比较灵活，近可 1 米左右，远可 3 米以上。这已超出了亲密或熟人的人际关系，而是体现出一种公事上或礼节上的较正式关系。其中 1 米～2 米之间是人们在社会交往中处理私人事务的距离，例如银行储蓄口、机场检票口，都设立了“一米线”，就是用距离把人群间隔开来，以保障人们的隐私和安全。2 米～3.5 米是远一些的社交距离，在屏幕上，电视节目主持人大多是中近景，这是为了缩短与观众的距离，因为这个景制是主持人与观众的距离，只有在两米左右距离是最好的视觉效果。如果你到办公室找领导办事，最佳的空间距离为 122 厘米～213 厘米。小于该距离，领导会误认为你强人所难；大于这个距离，领导会误认为你办事不真心实意。

公众距离。这是公开演说时演说者与听众所保持的距离。其近范围为约 3.7 米～7.6 米，超过这个距离人们就无法以正常的音量进行语言交流了。这是为了在讲演时彼此互不相扰。在这个距离内，人们完全可以对处于空间的其他人“视而不见”，不予理睬，因为相互之间未必发生一定联系。因此，这个空间的交往，大多是当众演讲之类，当演讲者试图与一个特定的听众谈话时，他必须走下讲台，使两个人的距离缩短为个人距离或社交距离，才能够实现有效沟通。

要想树立良好的仪表，就不能不注意人与人之间的距离。靠太近了，彼此没有秘密，既容易相互厌倦，也容易相互摩擦，产生矛盾。如果相互离得太远了，又容易相互淡忘，变得生疏。有距离才能产生美。现代社会的发展，带来个性化的发展，人对“距离”的要求，人对空间的要求，也就越来越强烈。人们都喜欢有个属于自己的空间，不受他人侵犯。合理运用你和他人的空间，会使你赢得文明有礼的好形象。

怎样得体地恭维他人

人在职场，不要等着别人来赞美你，相反，你要主动出击，学着去恭维别人。这样才能在工作中有个良好的人际关系。把握恭维的要诀，就需要掌握恭维的度，绝不可夸大其词，只有这样才能赢得别人的信任和好感。

美国前国务卿基辛格是个擅长恭维的外交谈判高手，他说：“你必须十分敏锐，因为大部分国家领导人都是非常敏锐的，他们不容易被人操纵，却能操纵别人。你得运用你的智慧，去对付一个高智慧的人，还要使他马上感到你的诚意和认真，最后，必须增加他的信心。”因此，在基辛格眼里，所谓恭维是使别人相信他能解决问题的一种方法。

当我们想邀女性约会时，可以适当地恭维她：“小姐，你的身段很美，公司有很多女职员，但我认为你的工作能力比她们都强，如果我能跟你这样漂亮能干的小姐做朋友，真是我无上的荣幸！”也许当时并没有征得她的同意，但有一点可以肯定，这位小姐的内心里肯定洋溢着喜悦之情，并且会拥有一整天的好心情，如果再适当地努力几次，肯定会成功。

恭维也可用间接的方式进行，比如某职工到公司对他的一位同事说：“我听×××说，你这个人人缘好，爱交际，别人都喜欢你，我们做个朋友吧？”这种方式往往效果很好。

俗话说：对症下药，量体裁衣。恭维也要“因人而异”，对于商业人员，如果说他学问好，品德高，博闻强识，清廉高洁，他不一定高兴，而如果说他才能出众，手腕灵活，现在满面红光、印堂发亮，发财在即，他一定会很高兴。对于政府官员，恭维他生财有道，定发大财，他可能会恨你一辈子，这时应该说他为国为民，淡泊名利，清廉公正。对于教授、教师，说他为人师表，学问渊博，思想深远，妙笔生花，他听了肯定高兴。

做什么职业，说什么恭维话，有道是“上山打柴，过河脱鞋”。不要弄得“牛头不对马嘴”，免得好意恭维人家一番，人家还觉得这是“乱弹琴”。

批评的话说好了就等于鼓励

批评往往会使对方产生一种对立情绪，如果批评的方式不得当的话，就很容易给双方的关系和工作带来消极的影响。因此，当你要对别人发表看法，对他人的错误进行批评时，一定要掌握好批评的礼仪。

批评他人，可以从自身做起。在批评他人之前先谈一谈自己从前做过的类似的错事，一方面可以为对方提供活生生的例证，让他从这例证中认识到犯错的严重后果，另一方面也可以带给对方一定程度的认同感，拉近彼此的心理距离，营造出心胸开阔、坦诚相见的良好的批评氛围，从而使对方更容易接受。有时候，碍于所处的场合或评价对象的面子，批评者虽然胸怀块垒，不吐不快，但却不便以过于直露的方式进行表白。这时候，批评者可以不明确表明自己的态度，只把自己的表白作为个人感受的抒发，而将批评之意蕴藏在貌似中性的表白之中，既不破坏特定场合的气氛，又能够使批评对象领会其批评的意图，并引起所有在场者的思考。

有时候批评也需要营造适宜的氛围，在冷冰冰的气氛里很难收到良好的批评效果。如果在批评之前先表示对对方某一长处的赞赏，肯定对方的价值，满足其某种心理需要，那么就能够营造出较好的气氛。这样既可以削弱批评本身让人难以接受的程度，又使被批评者不致产生逆反心理。幽默并非只是与讽刺结缘，在批评中引入幽默是调节气氛最好的方式，可以达到意想不到的效果。但如果把握不好往往会使批评掺杂上讽刺的意味，就会招人反感。

另外，在批评他人时，要善于运用词汇，例如，“意见”和“建议”两词的区别就在于前者是否定性的，而后者是建设性的。相比之下，人们更容易接受建议而不是意见。建议性的批评可以削弱批评中的否定因素，营造出良好的解决问题、改进工作的气氛。在这样的气氛中，被批评者既没有从批评中感受到太多不快，又自然地放弃了原先不正确的做法。

对于那些天真幼稚、年龄较小的孩子可以采取一种巧妙的方法。在发现对方的某种错误之后，巧妙借助这种错误行为的含义与某种物体的联系，用一个动作和拟人手法的有机结合带出批评的含义，寓批评于某种动作或意味深长的话语之中，会促使人深思、自责。

值得注意的是，当事人犯了错误，最忌讳别人津津乐道他的短处。批评者过多地纠缠于错误本身及其后果只会让他厌烦痛苦，丧失信心，甚至于怀着破罐子破摔的心态进行顶撞；既然错误已经发生，倒不如既往不咎，引导犯错者着眼未来，为做好明天的事情而吸取教训，细心准备。许多人之所以有错误的行为，并不是因为他不懂得这行为本身的违法、违规和不道德性，而是因为一时被种种不良的念头所驱使，导致自己做出了在理性状态下不太可能做出的错事。遇到这种情况时，批评者往往没有必要再去重申那些人人皆知的大道理，只需采用含蓄的方式，暗示对方正在忽略最为基本的道德尺度和法律法规，使之从贪婪的念头中惊醒过来，从而自觉地放弃错误的行为。

幽默让人魅力无穷

幽默是人们互相沟通、化解矛盾的润滑剂。善用幽默可以减少人们交往中发生的摩擦。

美国幽默作家霍尔摩斯有次出席一个会议，他是与会者中身体最为矮小的人。“霍尔摩斯先生，”一位朋友脱口而出，“你站在我们中间，是否有鹤立鸡群的感觉?”霍尔摩斯反驳了他一句：“我觉得我像一堆便士里的铸币。铸币面值 10 便士，但比便士体积小。”霍尔摩斯以幽默的回答化解了自己的尴尬，也回击了对方。

有的人在与人的交往、沟通中听不得半点“逆耳之言”，只要别人的言辞稍有不恭，不是大发雷霆就是极力辩解，其实这样做是十分愚蠢的。这不仅使你无法赢得他人的尊重，反而会让人觉得你不易相处。而采取虚心、随和的态度，以自我解嘲的方式缓和一下双方之间的紧张气氛，将使你与他人的合作更加愉快。

曾任美国总统的罗斯福年轻时体力比不上别人。有一次，他与人到白特兰去伐树，晚上休息时，他们的领队询问白天各人伐树的成绩，同伴中有人答道：“塔尔砍倒 53 株，我砍倒 49 株，罗斯福使劲咬断了17株。”这话对罗斯福来说可不怎么顺耳，但他想到自己砍树时确实和老鼠造巢时咬断树根一样，自己不禁也笑起来。能否很好地控制自己的情绪，取决于一个人的气度、涵养、胸怀、毅力。历史和现实中气度恢弘、心胸博大的人都能做到有事断然、无事超然，得意淡然、失意泰然。正如一位诗人所说：“忧伤来了又去了，唯我内心的平静常在。”

有一位歌唱演员，初次演出就被观众赶下了舞台。别人关心地问他演出效果如何，他说：“我很高兴，因为我初登舞台，观众就送给了我一幢房子。”听者耸耸肩说：“我可不信。”“真的，是给了。当然，每人只给了一块砖头。”依靠幽默，这位歌唱演员成功地战胜了自卑，恢复了自尊，日后终于一举成名。

在一次愚人节中，马克·吐温被人愚弄，纽约一家报纸报道说他死了。马克·吐温的亲友们信以为真，从各地赶来吊丧。当他们见到这位“死”去的作家正在写作时，异口同声地谴责那家造谣的报纸。马克·吐温却毫无怒色，他幽默地说：“报纸报道我死是千真万确的，只不过把日期提前了些。”

林语堂说过：“智慧的价值，就是教人笑自己。”在现实生活中，拿自己的错误开开玩笑，使人开怀大笑，你便已铺下了友谊之路。具有幽默色彩的欢笑是你与别人进行内心沟通的最短的道路。

幽默是解决各种矛盾和问题的最好办法。人生之路对于人来说不仅是漫长的，而且很多时候是枯燥无味的。因此，适当的幽默就像路边的美丽风景，不但能使人赏心悦目，兴致勃勃地继续以后的人生路程，同时也会给他人带来快乐，使你成为受大家欢迎的人。而且，在适当时刻巧妙地运用幽默的沟通方法，常常会事半功倍。

约翰是一个极富幽默感的警官，无论什么案件或难题，在他手中总能迎刃而解。所以，在警署里他总是受到同事们的青睐。

有一天，一位男子试图制造一件轰动全国的新闻，便爬上纽约国际贸易中心，站在楼顶上，并做出要自杀的样子。他的行为很快引起了人们的注意，不一会儿楼下就围满了人，包括各个新闻单位的记者。局长和警长轮番喊话，并试图救险，那男人却不听劝阻，一直要挟救助他的警察："别过来！谁要是敢过来，我就立刻跳下去！"僵持片刻后，约翰带来了一名医生，他只说了一句话，那男子便默默地走下楼去。约翰说："我不是来抓你的，是这位医生要我来问问你，你跳楼自杀以后，愿不愿意把遗体捐献给医院？"

星期日，在闹市区的一个路口，有个持不同政见者正在发表演讲："如今的政治腐败透顶了，我们应把政议院和参议院统统烧了！"由于他的演讲，行人越聚越多，堵塞了交通，警察赶到时，秩序大乱。正在无从下手之时，约翰急中生智大叫一声："同意烧参议院的站到左边，同意烧政议院的站到右边。"只听"唰"的一声，人群顿时分开，道路豁然开朗。

约翰就是这样在工作中给了同事们很多的笑料，他的幽默也化解了工作中的许多难题，他的乐观心态使他身边的每一个人都受到感染。因为他的存在，枯燥的工作和生活似乎一下子变得美好起来。透过约翰的幽默，我们可以感觉到，幽默不仅是一种性格，也是一种高明的处世哲学。

有一次，萧伯纳不幸在伦敦街头被一个骑自行车的人撞倒，虽然没有受伤，但也让他摔得够戗。骑自行车的人立即扶起作家，喃喃地向他道歉。然而萧伯纳却出人意料地打断了他，对他说："先生，您比我更不幸。要是您再撞得重一点，就可以作为撞死萧伯纳的好汉名垂史册啦！"幽默给了萧伯纳惊人的自制力，萧伯纳的幽默也使双方摆脱了尴尬。

一位作家写道："幽默是一种动人的智慧，是一种穿透力，一两句话就把那畸形的、讳莫如深的东西端出来。它包含着无可奈何，更包含着健康的希冀。"

幽默往往通过大家同笑的方式弥补人际间的思想鸿沟，架起感情沟通的桥梁，增加人际间的信任。

在一次贸易洽谈中，由于谈判双方都坚持自己的利益而不做任何让步，洽谈陷入僵局，主人只好宣布休会。用餐时，主人为客人斟酒，手一抖，酒杯碰在客人额角上，竟将酒浇了客人一头。当时的情形十分尴尬。一位公关小姐见状，从容而机智地举起酒杯，对客人说："让我们为双方的共同利益和友好合作，从头来干一杯!"主客一愣，随即会意地大笑。

幽默的语言缩短了双方的心理距离，在互谅互让的友好气氛中，双方又开始了贸易洽谈。

一句得体的幽默，它所带来的感情冲击有足够的能量来消除人际间的误会和纷争，能够让人际关系变得更加和谐融洽。因此，幽默也是一种富有感染力和人情味的沟通艺术。

幽默是一种特殊的语言，可以让大家打成一片，在人与人之间建立温暖而亲密的关系。幽默也是神奇的灵丹，它甚至可以医治肉体上的创痛。

人们常凭借幽默的力量，打碎自己封闭的外壳，主动与人交往。通过幽默，人们能感受到你的坦白、诚恳与善意。严肃的交谈与例行公事般的来往，往往给人一种冰冷无情的感觉，只能让人了解你的外表，却无法探知你的内心，这样的交流是极难深入下去的。而失去人与人心灵沟通的社交只能是失败的社交。幽默能够让人们摘下你的假面具，看到你的另一面，一个真实的、淳朴的你。

众所周知，丘吉尔是一个十分幽默的人。有一次，时任英国首相、陆军总司令的丘吉尔去一个部队视察。天刚下过雨，他在临时搭起的台上演讲，讲完后下台阶的时候，由于路滑不小心摔了一个跟头。由于士兵们从未见过自己的总司令摔过跟头，不禁都哈哈大笑起来。这时陪同的军官惊慌失措，不知如何是好。丘吉尔却微微一笑说："这比刚才的一番演说更能鼓舞士兵的斗志。"此话的效果的确如丘吉尔所戏言的，总司令不怪罪部下失礼所表现出的亲切感使士兵们的认同感油然而生，因此而更坚定地听从总司令的命令，去英勇地战斗。

真正的幽默可引来会心的一笑，从而消除令人十分尴尬的场面。

一次，当一位朋友来拜访林肯总统时，正有一队士兵在门外等候林肯训话。

林肯请这位朋友随他外出，并继续和他谈话。当他们行至回廊时，军队齐声欢呼起来。那位朋友这时本应该识趣地退开，但他并没有意识到这一点。于是，一位副官走到那人面前，嘱咐他退后几步。他这时才发现自己的失态，窘得满脸通红。但是，林肯却立即幽默地说："白兰德先生，你得知道他们也许分辨不出谁是总统呢！"在那难堪的一瞬间，林肯用他的机智十分巧妙地化解了这一窘迫的局面。

其实在生活当中，我们每个人都可以变得幽默一些，它并不是天才、高智商、喜剧演员的专利品。只要你学习让嘴角往上翘，换个新鲜的角度欣赏事物，即可找回和学会幽默，走出尴尬处境。

一位官员应邀参观一个美术展。惊叹于艺术的美丽，他站在一幅仅以几片树叶遮盖的女性裸体画面前，目瞪口呆，半天没有离开。女服务员这时轻轻地走过去，笑眯眯地说："先生，秋天还很远，树叶落下的日子还早着呢!”一句善意而幽默的提醒，化解了当时的尴尬局面。

格调高雅的幽默不仅能消除双方沟通中的僵局，还体现了一种优美、健康的品质，恰到好处的幽默更是智慧的体现。当你掌握了幽默这门社会交往的艺术时，你会发现与人沟通是一种十分快乐的事。

一次，美国前总统里根在白宫钢琴演奏会上讲话时，夫人南希不小心连人带椅跌倒在台下的地毯上。正在讲话的里根看到夫人并没有受伤，便插入一句俏皮话：“亲爱的，我告诉过你，只有在我没有获得掌声的时候，你才应这样表演。”台下立刻为里根的机智和幽默响起了一阵热烈的掌声。

一次，一位默默奋斗多年的女演员终于获奖。当主持人宣布她获奖时，因为非常激动，她在走上领奖台的路上跌倒了。然而她马上站起来，笑着说：“成功的道路就是这么走出来的，不断跌倒，再不断爬起!”

这两件事都是令当事人十分尴尬的事，如果一味地抱怨或不能进行较好的处理，常常影响现场的气氛。而里根和那位女演员用幽默消除了尴尬，出奇制胜，获得了意想不到的效果，显露出他们的机智、豁达，也拉近了他们和观众的距离。这都是利用幽默沟通的范例。

现实中经常会碰到一些困难，将我们带入冲突的边缘。如果我们能以幽默的态度处理所发生的事端，就能及时妥善地处理人际关系，化险为夷。

一位女士在饭馆吃完饭后对经理说：“对不起，钱夹放在家里了。”经理不慌不忙地说：“那好吧！我相信你。为了使我记住此事，必须把你的名字写在门口的黑板上，同时记上你欠款的数目。”女士对此做法表示不满：“那不是人人都看到我的名字了吗?”经理微笑着说："不用担心，我们会用你的皮大衣把你的名字盖住的。"想赖账的女士这时只好拿出钱夹，如数付清了欠款。

幽默可以使人在生活中化险为夷。因此在你遇到沟通困难的处境时，不妨试试幽默的力量。

萧伯纳有一次遇到一位胖得像酒桶似的牧师，他挖苦萧伯纳："外国人看到你这样干瘦，一定认为英国人都在饿肚皮。"萧伯纳却不动声色地说："外国人看到你这位英国人，一定可以找到饥饿的根源。"

又比如，伏尔泰总是赞赏某人的作品，某人却总是刻薄地批评伏尔泰。当别人向伏尔泰说这件事时，他只是淡淡地一笑："我们双方都弄错了！"短短几个字，巧妙地反击了那个经常批评自己的人。

美国前总统威尔逊初任新泽西州州长时，突然接到一个电话，说他的一位议员朋友去世了。威尔逊深感悲痛。不一会儿，电话铃又响了，原来是另一位政治家打来的。那人无耻地说："我希望代替那个议员的位置。"威尔逊没有任何犹豫，对着电话说："好吧，如果殡仪馆同意，我本人没有任何意见。"威尔逊以不失原则的幽默，巧妙地拒绝了那个迫不及待想做议员的家伙。

有随机应变能力的人，就能调动自己的智慧，化被动为主动，使尴尬境遇烟消云散。

英国前首相威尔森在竞选时，演说刚讲到一半，突然有个故意捣乱者高声打断他："狗屎！垃圾！"显然，他的意思是叫威尔森"别再胡说八道"。

威尔森却不理会其本意，只是报以容忍的一笑，安抚地说："这位先生，我马上就要谈到您提出的脏乱问题了。"捣蛋者一下子哑口无言。

在生活和工作中，常常会遇到棘手犯难的问题，对此，若以幽默诙谐的方式回答，往往会“化险为夷”。

要善于使用幽默的技巧，就需要具有一定的智慧。一个才疏学浅、举止轻浮、孤陋寡闻的人是很难生出幽默感来的。要学会幽默的艺术，必须具备以下几个方面的能力：广博的知识和深刻的社会经验；敏锐的洞察力和丰富的想象力；高尚优雅的风度和镇定自信、乐观轻松的情绪；良好的文化素养和语言表达能力等。

幽默是人际交往的润滑剂。学会恰当地运用幽默，会使人们之间的沟通更加顺利，人际关系更加和谐。幽默是我们生活的调味料，它使我们的生活更加有滋有味。但是，再好的调味料都不可滥用，就好比用盐，用一点可以使菜味鲜美，但用得太多便会让人难以下咽。在沟通时，幽默要运用得当，方可发挥它的魅力。

幽默的谈吐源自于豁达的心灵

幽默不是简单地逗笑、取乐，而是一种人生态度，也是一种人生境界。幽默的人会用积极的眼光看待世界，会用乐观的心态看待自己的生活。可见，幽默的谈吐正是源自于豁达的心灵。

一个哲人曾这样写道：“心灵若是堆满垃圾，心胸容易狭隘；心灵若是一尘不染，心胸则无限宽广。幽默的语言就来自纯洁、真诚和宽容的心灵，是生命之歌中最曼妙迷人的旋律，是人生智慧之原上绽放得最美丽的花朵，是人们能够从你那里享受到的心灵里的一片艳阳天。”

有人说：“苦难是灵魂的体操，经受得愈多，愈能让人感受到其灵魂的健美；苦难是人生的一笔财富，积累得愈多，愈是能让人感到生命的充实；苦难是岁月给心灵开的一扇窗子，苦难愈大愈多，人们愈是能感受到心灵的敞亮和明畅。”

南非前总统曼德拉是一位心胸豁达的“幽默大师”。在几十年的政治和牢狱生涯中，曼德拉始终保持着一种乐观的心态，对朋友和敌人都以幽默对之。

在20多年的牢狱生涯中，曼德拉在狱卒们那里赢得了“幽默老人”的赞誉，这确实是难能可贵的。即使面对那些对他严刑逼供的人，他也从来没忘了在审讯的间隙调侃他们几句。1975年，曼德拉首次获准与他的女儿津姬见面。在曼德拉入狱的时候，津姬只有3岁，一转眼已经是15岁的大姑娘了。曼德拉特意穿上一件干净的衬衣。当女儿走进探视室的时候，他的第一句话是：“女儿，你看见我的卫兵了吗？他们像伺候总统一样在伺候我呢！”说完，他指了指自己身后两个寸步不离的看守。女儿笑了，探视室里的气氛顿时轻松了起来。

在南部非洲发展共同体首脑会议上，曼德拉被授予了卡马勋章。当他上台领奖并准备发言的时候，有人为他搬来了一把椅子，请他坐着讲话。曼德拉拿起话筒说：“我今年82岁，站着讲话眼不花腿不抖，感觉还很年轻，等我100岁上台讲话时，你再给我搬把椅子吧。”会场上立即爆发出热烈的掌声。

曼德拉被囚禁了28年，但当他获得自由并最终当上南非总统之后，他并没有对当年伤害过他的那些狱卒酷吏进行报复。他说：“正像被压迫者需要解放一样，压迫者也需要解放。拿走别人自由的人，他自己也成了囚犯，他把自己锁在偏见和心胸狭窄的牢笼里。被压迫者和压迫者，同样被剥夺了人性，现在，是该还给他们人性的时候了。”

幽默感的内在构成，是悲感和乐感。悲感，是幽默者的现实感，就是对不协调的现实的正视；乐感，是幽默者对现实的超越感和乐天感。悲感可以让幽默者用于面对现实，乐感可以给在困境中的幽默者以信心和勇气。从痛苦到快乐，一定要具备某种超脱的精神。只有超越了现实，才能俯视现实，对困难采取乐观的态度。

在现实生活中，每个人都可能会遭遇某种不公正的待遇。在这种情况下，很多人往往不懂得用幽默的态度来对待这些委屈。其实，幽默可以淡化人的消极情绪，消除沮丧与痛苦。具有幽默感的人，生活充满情趣，许多看起来令人痛苦烦恼之事，他们却能轻松自如地应付。只要我们学会幽默，就能在所谓的委屈之外发现令人快乐的东西，把我们自己从困扰当中解救出来。幽默，其实就是参透了生命之后的豁达。

幽默让女人更睿智

幽默是一种特殊的情绪表现，而且不仅仅是男人的专利，女人也要在社交场合中经常运用它。幽默可以让你在面临困境时减轻精神和心理压力。

人人都喜欢与机智风趣、谈吐幽默的人交往，而不愿同动辄与人争吵或者郁郁寡欢、言语乏味的人来往。幽默，可以说是一块磁铁，以此吸引着大家；也可以说是一种润滑剂，使烦恼变为欢畅，使痛苦变成愉快，将尴尬转为融洽。

其实，在社会中我们不难发现：男性一般都能够将幽默和欢乐带给身边的每一个人，而女人在这点上就较之男人们逊色了，所以培养自己的幽默感也是交际中值得女人注意的地方。

现实生活中有不少人善于运用幽默的语言行为来处理各种关系，化解矛盾，消除敌对情绪。他们把幽默作为一种无形的保护阀，使自己在面对尴尬的场面时，能免受紧张、不安、恐惧、烦恼的侵害。幽默的语言可以解除困窘，营造出融洽的气氛。

幽默是人际交往的润滑剂，善于理解幽默的人，容易喜欢别人；善于表达幽默的人，容易被他人喜欢。幽默的人易与人保持和睦的关系。

幽默具有神奇的力量，能给你带来很多意想不到的好处。幽默不仅能使你成为一个受欢迎的人，使别人乐意与你接触，愿意与你共事，它还是你工作的润滑剂，促使你更好、更快乐地完成工作。这往往是采用别的方法所不能达到的，也是成本最低的一种方法。

如果你能够恰如其分地把你的聪明机智运用到智慧的幽默中来，使别人和自己都享受快乐，那么，你就会得到更多喜欢你、钦佩你的人，会获得更多支持和关心你的朋友。幽默要想能够打动人，那就要轻松应对。你首先要做的是放松。如果你付诸了行动，没有人会对你表示不满，况且你要面对的也不是改变命运的考验。你只不过是想给自己的生活和言谈增姿添彩，使自己显得更为随和，因此不要给自己太大压力。

同时我们也不要较真，减轻生活和自我的压力，要习惯于对事情持保留态度。遇事要看到幽默的一面。但幽默不仅仅是开玩笑，它取决于你谈话的习惯，看待事物的态度，如何表现自己以及说话时的腔调和姿态。言谈要生动活泼，这样你就能使所有的故事变得趣味盎然。

与他人进行目光交流，自信地发表意见，这样每个人都想倾听你的故事。另一方面，如果你的幽默较为隐晦，具有讽刺性，那就扮演一下那一角色，并用一种平淡的语调来说话。你的表达技巧需与你的幽默保持一致，如果时机不当，那么你会弄砸了整个玩笑的。

具有幽默感不仅仅是翻来覆去地炒“旧饭”。如果你将一些流传多年的笑话改头换面，旧调重弹，人们会觉得你是傻子，而不是一个富于幽默感的人。幽默最好是在谈话或讨论时融入一些独到和发自内心的见解。

做一个懂得幽默的女人，同时也是个有情调的女人。幽默不仅仅在社交中，在生活中也同样可以提高你的人气。

做一个巧舌如花的女人

社会是一个很大的舞台，在这个舞台上，你如何才能挥洒自如，灵活应对呢？其中一个不可忽视的，也是最主要的条件，那就是说话。在社会交际过程中，开启你那如花的嘴巴必能处处讨人喜欢，做一个深得人心的女人。

在北方的一个村庄里，住着一位年过六旬、左眼失明的黄阿姨。黄阿姨孤独一人，由于后继无人，她又收养了一位十来岁的小女孩，取名“黄凤”。黄阿姨常为自己的遭遇悲叹不已，总是思忖着原因何在。一天，她冥思苦想之后，觉得找到了自己不幸的“根源”：原来，她的左邻右舍都姓“陈”，而“陈”与“沉”同音，她觉得他们“沉沉”地压着自己，使自己不能飞黄腾达，因此，闹着要搬家，乡、村干部多次做工作，她就是不听，闹得不可开交。

正在这时，她的一个同村人刘阿姨好言将她扶到自己家，倒上一杯茶说：“老黄姐，您不能动气，要注意身子骨啊！好生活还在后头咧！”黄阿姨的气顿时消了许多。刘阿姨又接着说：“您别怪别人多嘴，您咋傻了呢？搬啥家？若是我呀，杀头也不离开那个富窝儿呀！”一句话说得黄阿姨愣愣地望着她。刘阿姨接着说：“您说，东邻姓陈，西邻也姓陈，您可知道他们是什么吗？那是文臣武将的‘臣’！您左有文臣，右有武臣，保着您这个女皇，您还不知足。”黄阿姨开始乐了：“妹妹，这话当真？”“这还有假，这不明摆着吗？我看正因为这样，您家的生活是一天比一天好。您的女儿又聪明又伶俐，黄凤，黄凤，不就是凤凰吗？用不了两年，双翅一展，就奔好前程去了。我说老黄姐，这是福地，说实在话，别人就是想住，怕也住不上呢！”刘阿姨一席话，使黄阿姨眉开眼笑。之后，黄阿姨再也不提搬家的事了。

同乡人刘阿姨凭借如花的巧言说服了黄阿姨，她的话句句动人心弦，通俗明白，浅显易懂，说服老人理所当然。

说巧言之前应先了解对方的一些经历情况和生活状况。在应酬当中，不同的人思维方式各有迥异，他有他的想法，你有你的观点，交谈能否融洽则在于你话题的选择。假如你不了解他的情况，自己只顾一味地夸大其词，滔滔不绝，他肯定没有兴趣同你交谈；假如你知道他现在想要知道的、迫切需要了解的话题，同他促膝长谈，他肯定会津津有味地倾听你的述说。

“小气”常使一个人吃亏：要常常保持中立，保持客观。按照以往的经验，一个态度中立的人，往往可以争取更多的朋友。对事物要有衡量的价值尺度，不要顽固坚持某个看法。假如有必要对事情保守秘密，一定要保密。一个人不能保守秘密，会在任何事情上都出现过失。不要说得太多，想办法让别人多说。如要对人亲切、关心，应竭力去了解别人的背景和动机。

假若在交谈当中，不顾对方的心理变化，而一味地将自己的想法

统统说出来，那么，大多情况下你是得不到认同的。因为一相情愿的谈话往往会让人厌恶。

不该说话时说了，是犯了急躁的毛病；该说话时却没说，从而失掉了说话的时机；不看对方的态度便贸然开口，叫作闭着眼睛瞎说话。

在交谈过程中，双方的心理活动是呈渐变状态的，这就要求我们在与人交谈中应兼顾对方的心理活动，使谈话内容与听者的心境变化相适应并同步并行，这样才能让交谈意图达到明朗化，从而引起共鸣。

应清楚对方的身份和性格特性。性格外向的人易于“喜形于色”，和他可以侃侃而谈；性格内向的人多半“沉默寡言”，对他则应注意委言婉语循循善诱。

掌握了以上的谈话方法，并将其成功地运用在社交场合，你便可以在社会交际中游刃有余。

社交场合的交谈不仅是一门技术，更是一门艺术。灵活巧妙的语言既能够在社会中运筹帷幄，也能顺利打开人际交往的新局面。在现实生活中，人们要交流信息，沟通思想，就必须拥有语言交流的能力，不善言谈的人是很难让人了解其价值的。

切勿使用尖刻的语言

一个女人处世交际的能力和水平完全可以从她的谈话中体现出来。如果你在这方面有所欠缺，最好是少开口为妙，说了他人不爱听的话等于白费口舌，自讨没趣，再一不小心伤了他人的自尊，更是不划算。

古人所谓“片言之误，可以启万口之讥”。所以，在公众场合，女人说话宜少不宜多，宜小心不宜大意，要出口以前，先得想想，替听你话的人想，他愿意听的话，才出之于口，他不愿听的话，还是不说话为妙。所谓不愿意听的话，也有种种。老生常谈，他是不愿意听的；一说再说，耳熟能详，他是不愿意听的；与他的心境相反，他是不愿意听的；与他主张相反，他是不愿听的；与他毫无关系，他是不愿意听的；与他利害冲突，他是不愿意听的；与他的程度不同，他是不愿意听的；有关他的创痕，他也是不愿意听的；有关他的隐私，他更是不愿意听；然而最不愿意听的，该算是尖锐锋利、伤及他自尊的话了。

说话的妙境，可有几种：第一种是有隽永之味，第二种是有甜蜜之味，第三种是有辛辣之味，第四种是有爽脆之味，第五种是有新奇之味，第六种是有苦涩之味，第七种是有寒酸之味，而最坏的反应，则是创痛之味。谈言微中，令人回味，对方自发生隽永的反应；热情洋溢，句句打入心坎，对方自发生甜蜜的反应；激昂慷慨，言人所不敢言，对方自发生辛辣的反应；知无不言，言无不尽，对方自发生爽脆的反应；“好为无端涯之言”，对方自发生新奇的反应；陈义晦涩，言辞拙讷，对方自发生苦涩的反应；一味诉苦，到处乞怜，对方自发生寒酸的反应；好放利箭，伤人为快，伤人越甚，越以为快，对方自发生创痛的反应。能得隽永反应者为上，能得甜蜜反应者为次，能得爽脆反应者又次，能得辛辣反应者再次，得到新奇的反应、苦涩的反应、寒酸的反应的话都是下等，而得到创痛反应的话，就更是大反人情了。

但是说尖刻话的人，未尝不自知其伤人，而乃以伤人为快，这是什么道理？这完全是心理的病态，而心理之所以有此病态，也自有其

根源，是后天性的，不是先天性的。换句话说，这是环境逼他走入歧途。

如果你的身上有这样的毛病，你一定明白这种病的危险，如不医好，结果必是众叛亲离，不要说在社会上，只有失败不会成功，即使在家庭，亲如父兄妻子，也无法水乳交融。不过父兄妻子，关系太密切，即使无法容忍，仍会宽容以待。社会上的人，就绝不会对你这么宽厚，必然以眼还眼，以牙还牙，总有一天，你会成为大众的箭靶子。所以说话尖刻，足以伤人情，伤人情的最后结果，却是伤了自己。

人都有不平之气，对方的说话，你觉得不入耳，不妨充耳不闻；对方的行为，你觉得不顺眼，不妨视而不见。何必过分认真，定要报以尖刻的话，伤及他人自尊呢？

话要说到人的心坎上

俗话说："人心都是肉长的。"只要是人，都是可以被感动的，只要你能把话说到他的心坎上。

在交际中，人们难免会遇到难办的事，这时候，中国人一般都喜欢去讲情。那么，怎样讲情会取得更好的效果呢？那就是把话说到对方心里，触发对方的恻隐之心。

要触发对方的同情之心，一般情况下女人是有性别优势的。

在美国经济大萧条时期，有一位 17 岁的姑娘好不容易才找到一份在高级珠宝店当售货员的工作。在圣诞节的前一天，店里来了一位 30 岁左右的贫民顾客，他衣衫褴褛，一脸的悲哀、愤怒，他用一种不可企及的目光，盯着那些高级首饰。

姑娘要去接电话，一不小心，把一个碟子碰翻，6 枚精美绝伦的金戒指落到地上，她慌忙捡起其中的 5 枚，但第六枚怎么也找不着。这时，她看到那个 30 岁左右的男子正向门口走去，顿时，她意识到了戒指在哪儿。当男子的手将要触及门柄时，姑娘柔声叫道："对不起，先生！"

那男子转过身来，两人相视无言，足足有一分钟。

"什么事？"他问，脸上的肌肉在抽搐。

"什么事？"他再次问道。

"先生，这是我头回工作，现在找个事儿做很难，是不是？"姑娘神色黯然地说。

男子长久地审视着她，终于，一丝柔和的微笑浮现在脸上。

"是的，的确如此。"他回答，"但是我能肯定，你在这里会干得不错。"

停了一下，他向前一步，把手伸给她："我可以为您祝福吗？"

他转过身，慢慢地走向门口。

姑娘目送着他的身影消失在门外，转身走向柜台，把手中握着的第六枚戒指放回了原处。

这位姑娘成功地要回男青年拾去的第六枚戒指，关键是她在尊重谅解对方的前提下，以"同是天涯沦落人"凄苦的言语博得对方的真切同情。"这是我头回工作，现在找个事儿做很难。"这句真诚朴实的表白，却饱含着惧怕失去工作的痛苦之情，也饱含着恳请对方怜悯的求助之意，终于感动了对方，对方也巧妙地交还了戒指。试想，如果呵责怒骂，甚至叫来警察，也可能会找回戒指，但姑娘的"饭碗"还保得住吗？

因此，女人在说话的时候，一定要有分寸，要让每句话产生巨大的力量，在对方的心里激起波澜，彻底打动对方，以助自己成功办事。

切莫把话说得太绝

我们在与人交谈中，千万不要把话说得过于绝对。举一个简单的例子，比如人家问你“乌鸦是什么颜色的啊?”

你千万别望文生义，或者凭借见过几只黑鸟的有限经验而武断地回答：“乌鸦嘛，绝对是黑色的!”而聪明的女人则会这样回答：“天下乌鸦一般黑!”

假如人家大白天里看到灰色的、棕色的甚至白色的乌鸦了，跑来反驳你：“瞧，你看，你看，这乌鸦不是黑色的！你还有什么好说的!”

你仍然可以脸不红心不跳地，笑嘻嘻地说：“千万别断章取义，我说的是天下的乌鸦一般是黑的。‘天下乌鸦一般黑’嘛。您这是找到特例了呀。”

如此，保管你立于不败之地。这不是抵赖，这是含糊说话的技巧所在。任何时候都不要把话说绝了，所谓“话到嘴边留三分”，说话要留有余地，不能把话说死，才能进退自如。

某地一家国有企业曾经有一批“请调大军”，对此，新来的女厂长并没有大惊小怪，更没有埋怨指责，面对几百名“请调大军”，她发出肺腑之言：“咱们厂是有很多困难，我也憷头。但领导让我来，我想试一试，希望大家给我半年时间，如果半年后咱厂还是那个样，我辞职，咱们一块走!”

这些话语没有高调，朴实无华，既是人格的表现，又是模糊语言的恰当运用。女厂长没有坚定地表示决心，而是“我也憷头”；她没有把话说绝，而是“我想试一试”；她没有正面阻止调动，而恰恰相反，“如果半年后，咱厂还是那个样，我辞职，咱们一块走”。然而，谁也不会相信，这是一个来“试一试就走”的女厂长。相反，人们正是从她那入情入理、心底坦荡的语言中感到了力量，看到了希望。结果，这个工厂那些一心要干下去的人增强了信心，失去了信心的人振作了精神。模糊语言在这里发挥了神奇的作用。

模糊的语言一语双关，含不尽之意在语言外，在这种场合，成了沟通思想而又不致引起矛盾的特殊方法。我们在平时的交际中，常常用“如果时间允许”来回答朋友们热情的邀请，“如果时间允许”，就是模糊语言，它既显得彬彬有礼、十分中肯，又给我们自己创造了一个宽松的语言环境。试想若用“不能去”或“马上就去”等非常确定的语言来回答，其效果都不会理想。直接拒绝说“不能去”有点不尽情谊，说“马上就去”可是事后没时间去失约又会影响感情。这就是外交上经常会用到的技巧“弹性外交”策略，用到平时的交际中也是非常好的交际方式。

在谈话时，女人要端正思维方式，冲破传统的、习惯的“非此即彼”的思维约束，寻求两个对立极端的中间状态，使其真正与现实问题相吻合。彻底抛弃“非对即错”、“非黑即白”等长期困扰我们的违反辩证法的极端观念。

一位伟人曾针对这种“绝对分明的和固定不变的界限”提出：“除了‘非此即彼’，又在适当的地方承认‘亦此亦彼’！”这位伟人的意思也是要我们学会含糊说话，不要轻易说出绝对的话，因为话说出口之后是很难收回的。

所以说言谈不可把话说绝，这是一种为人处世的高明的策略。要

做到这一点其实也不难，这里面有个技巧，就是妙用含糊措辞。

含糊措辞是运用不确定的或不精确的语言进行交际的方法。在公关语言中运用适当的含糊，这是一种必不可少的艺术。办事需要语词的模糊性，这听起来似乎是很奇怪的。但是，假如我们通过约定的方法完全消除了词语的模糊性，那么，就会使我们的语言变得十分贫乏，使它的交际和表达的作用受到限制。

如某经理在给员工作报告时说："我们企业内绝大多数的青年是好学、要求上进的。"这里的"绝大多数"是一个尽量接近被反映对象的模糊判断，是主观对客观的一种认识，而这种认识往往带来很大的模糊性。因此，用含糊语言"绝大多数"比用精确的数学形式的适应性强。即使在严肃的对外关系中，也需要含糊语言，如"由于众所周知的原因"、"不受欢迎的人"，等等。究竟是什么原因，为什么不受欢迎，其具体内容，不受欢迎的程度，均是模糊的。

平时，你要求别人到办公室找一个他所不认识的人，你只需要用模糊语言说明那个人矮个儿、瘦瘦的、高鼻梁、大耳朵，便不难找到了。倘若你具体地说出他的身高、腰围精确尺寸，倒反而很难找到这个人。因此，我们至少在办事说话时不要只相信这样一种观念："较准确"总是较好的。

关于含糊这个问题，我们经过大量的实践和总结，得出了以下两个含糊措辞法，大家不妨在实际生活和工作当中运用一下，或许会对你有所帮助。

宽泛式含糊法。它是用含义宽泛、富有弹性的语言传递主要信息的方法。例如钱钟书先生，是个自甘寂寞的人。居家耕读，闭门谢客，最怕被人宣传，尤其不愿在报刊、电视中扬名露面。他的《围城》再版以来，又拍成了电视剧在国内外引起轰动。不少新闻机构的记者，都想约见采访他，均被他执意谢绝了。一天，一位英国女士，好不容易打通了钱钟书家的电话，恳请让她登门拜见钱钟书。钱钟书一再婉言谢绝没有效果，他就妙语惊人地对英国女士说：“假如你看了《围城》像吃了一只鸡蛋觉得不错，何必要认识那个下蛋的母鸡呢？”这位女士只好放弃了采访的打算。

钱钟书先生的回话，首句语义明确，后续两句：“吃了一只鸡蛋觉得不错”和“何必要认识那个下蛋的母鸡呢？”虽是借喻，但从语言效果上看，却是达到了“一石三鸟”的奇效：其一，是属于语义宽泛，富有弹性的模糊语言，给听话人以寻思悟理的伸缩余地；其二，是与外宾女士交际中，不宜直接明拒，采用宽泛含蓄的语言，尤显得有礼有节；其三，更反映了钱钟书先生超脱盛名之累、自比“母鸡”的这种谦逊淳朴的人格之美。一言既出，不仅无懈可击，且又引人领悟话语中的深意，格外令人敬仰钱老的道德与大家风范。

回避式含糊法。它是根据某种场合的需要，巧妙地避开确指性内容的方法。

在涉外接待活动时，每当与外宾交谈会话中，遇到“难点”就应巧妙回避转移。

1962年中国在自己的领空击落美国高空侦察机后，在记者招待会上，有记者突然问外交部长陈毅：“请问中国是用什么武器打下U－2型高空侦察机的？”这个问题涉及国家机密，当然不能说，更不能乱说。但对记者的提问，又不能不答。于是陈毅来了个闪避：“嗨，我们是用竹竿把它捅下来的呀！”用竹竿当然不可能捅下来，但大家都心照不宣，哈哈大笑一阵便罢了。

不管怎样，含糊的措辞也是实际表达中需要的，常用于不必要、不可能或不便于把话说得太实太绝的情况，这时就要求助于表意上具有“弹性”的委婉、含糊措辞，一方面是为了给自己留条后路，另一方面，这也是避祸、解围屡试不爽的绝招。聪明的女人，这一招一定要学会。

关键场合避免争论

老子曾说过这样一句话“不争而善胜”，通俗地讲，就是避免争论是在争论中获胜的重要秘诀。当然，这并不是主张唯唯诺诺、低三下四，在有的时候、有些场合，一个人应该为自己确信的真理和主张去和反对者争论，辨别是非。这种争论，有时还会发展到很激烈的程度。

但是，在一般交谈的场合，却要极力避免和别人争论，因为交谈的主要目的是促进彼此的了解，增进双方的友谊，是一种社交性的活动，一争论起来就很容易伤感情，和原来的目的背道而驰了。尤其是作为女人，为了一些不痛不痒的小问题，就与人争得面红耳赤，毕竟是一件有失大雅的事。

如果要做到既不必随声附和别人的意见，又避免和别人争论，究竟有没有两全的办法呢？答案是肯定的。

尽量了解别人的观点。在许多场合，争论的发生多半由于大家只看重自己这方面的理由，而对别人的看法没有好好地去研究，去了解。如果我们能够从对方的出发点去看事情，尝试着去了解对方的观点，认识到为什么他会这样说，这样想。这样，一方面使我们自己看事情的时候会比较全面；另一方面也可以了解到对方的看法也有他的理由。即使你仍然不同意他的看法，但也不至于完全抹杀他的理由，那么自己的态度就可以比较客观一点，自己的主张就可以公允一点，发生争论的可能性也就比较小了。

同时，如果你能把握住对方的观点，并用它来说明你的意见，那么，对方就容易接受得多，而你对其观点的批评也会中肯得多。而且，他一旦知道你肯细心地体会他的真意，他对你的印象就会比较好，他也会尝试着去了解你的看法。

对方的言论，你所同意的部分，尽量先加以肯定，并且向对方明确地表示出来。一般人常犯的错误就是过分强调双方观点的差异，而忽视了可以相通之处。所以，我们常常看到双方为了一个枝节上的小差别争论得非常激烈，好像彼此的主张没有丝毫相同之处似的，这实在是一件不智之举，不但浪费许多不必要的精力与时间，而且使双方的观点更难沟通，更难得到一致的或相近的结论。

解决的办法是，先强调双方观点相同或近似的地方，在此基础上，再进一步去求同存异。我们的目的是在交谈中使双方的观点更接近，双方的了解更深刻。

即使你所同意的仅是对方言论中的一部分或一小部分，只要你肯坦诚地指出，也会因此营造比较融洽的气氛交谈，而这种气氛，是能够帮助交谈发展，增进双方的了解的。

双方发生意见分歧时，你要尽量保持冷静。通常，争论多半是双方共同引起的，你一言我一语，互相刺激，互相影响，结果就火气越来越大，情绪激动，头脑也不清醒了。如果有一方能够始终保持清醒的头脑和平静的情绪，那么，就不至于争吵起来。

但也有的时候，你会遇见一些非常喜欢跟别人争论的人，尤其是他们横蛮的态度和无理的言辞常常使一个脾气很好的人都会失去忍耐。在这种时候，你仍然能够不慌不忙，不急不躁，不气不恼的，将会使你可以能够跟那些最不容易合作的人好好地进行有益的交谈。

永远准备承认自己的错误。坚持错误是容易引起争论的原因之一。只要有一方在发现自己的错误时，立即加以承认，那么，任何争论都容易解决，而大家在一起互相讨论，也将是一桩非常令人愉快的事情。在我们谈话的时候，我们不能对别人要求太高，但却不妨以身作则，发现自己有错误的时候，就立刻爽快地加以承认。这种行为，这种风度，不但给予别人很好的印象，而且还会把谈话与讨论带着向前跨进一大步，使双方在一种愉快的心情之中交换意见与研究问题。

不要直接指出别人的错误。老一辈的人常常规劝我们不要指出别人的错误，说这样做会得罪人，是非常不理智的。然而，如果在讨论问题的时候，不去把别人的错误指出来，岂不是使交谈变成一种虚伪做作的行为了吗？那么，意见的讨论，思想的交流，岂不是都成为根本没有必要的行为了吗？

然而，指出别人的错误的确是一件困难的事，不但会打击他的自尊和自信，而且还会妨碍交谈的进行，影响双方的友情。

你不必直接指出对方的错误，但却要设法使对方发现自己的错误。在日常生活中，大家交谈的时候，并不是每一个人都能够始终保持清醒的头脑和平静的情绪，有许多人都有一种感情用事的毛病。即使是那些自己很愿意跟别人心平气和地讨论问题的人，有时也不免受自己情绪的支配，在自己的思考与推论中，掺进一些不合理的成分。如果你把这些成分直截了当地指出来，往往使对方的思想一时转不过来，或是情绪上受了影响，感到懊恼异常。或者引起他的恶意的反攻，或者使他尽力维护他的弱点，这都是对交谈的进行十分不利的。

但如果在发现对方推论错误的时候，你把你交谈的速度放慢，用一种商讨的温和的语调陈述你自己的看法，使他能够自己发现你的推论更有道理。在这种情形下，他也就比较容易改变他的看法。

很多人都有这种认识：一个人免不了会看错事情，想错事情，假使他们能够自己发觉错误所在，他们就会自动地加以纠正。但是如果被人不客气地当众指出来，他们就要尽力去掩饰，尽力去否认，尽力去争执，因此为了避免使他们情绪激动，我们就不去直接批评他的错误，不必逼他当着众人的面说“我错了,”或者“我全错了”。有的人一看到别人犯了一点错误，就要把它死盯住不放，还加以宣扬，自鸣得意地让对方为难，这是一种幼稚的举动，是一种幸灾乐祸的态度，不是一种对人友好、与人为善的做法。

最后，我们要改变一个人的看法和主张，并不是一朝一夕就可以成功的。所以我们不但不要心急地去使别人接受我们意见，反而更要争取长期和别人互相交谈的机会，让我们从心平气和的讨论中，逐渐把正确的真理传播到朋友们的心中。

学会没话找话的本领

俗话说：“酒逢知己千杯少，话不投机半句多。”说话办事也是如此，要开动脑筋，注意观察，迅速找到对方感兴趣的话题，以此作为一种契机，与受托对象进行和谐投机的谈话。

有一位女记者去采访一位科学家，到了科学家那儿，女记者看到墙上挂着几张风景照，于是就谈起了构图呀，色调呀，原来这位科学家爱好摄影，他兴致勃勃地拿出了他的相册，谈话气氛非常融洽。正是由于这种气氛，使后面的正题采访进行得非常顺利。

还有一位女记者，她去采访一位女教师，行前有人说女教师很倔，说不好三言两语就把人打发了。这位女记者到学校去找她，女教师正在跟传达室的人发脾气。女记者一听她说话的口音是浙江人，心里暗暗高兴，因为她也是浙江人。后来，她们的交谈就从家乡谈起，越谈越热乎，这一段题外话也为正题做了很好的铺垫。

有经验的记者能通过观察和分析谈话对象，迅速地找到一个可以引起双方话题的共同点，打破那种不知从何谈起的冷落场面。

其实，与人交谈的过程同样也是这样。在交谈中要学会没话找话的本领。所谓“找话”就是“找话题”。写文章，有个好题目，往往会文思泉涌，一挥而就；交谈，有了好话题，就能使谈话融洽自如。好话题，是初步交谈的媒介、深入细谈的基础、纵情畅谈的开端。好话题的标准是：至少有一方熟悉，能谈；大家感兴趣，爱谈；有展开探讨的余地，好谈。

那么，怎么才能找到对方感兴趣的话题呢？我们教你几招这方面的谈话策略。

中心开花。当你面对众多的陌生人，要选择众人关心的事件为话题，把话题对准大众的兴奋中心。这类话题必须是大家想谈、爱谈、又能谈的，人人有话，自然能说个不停了，以至于引起许多人的议论和发言，导致“语花”飞溅。

借兴引入。巧妙地借用彼时、彼地、彼人的某些材料为题，借此引发交谈。有人善于借助对方的姓名、籍贯、年龄、服饰、居室，等等，即兴引出话题，常常会取得好的效果。“即兴引入”法的优点是灵活自然，就地取材，其关键是要思维敏捷，能作由此及彼的联想。

投石问路。向河水中投块石子，探明水的深浅再前进，就能有把握地过河；与陌生人交谈，先提一些“投石”式的问题，在略有了解后再有目的地交谈，便能谈得更为自如。如在聚会时见到陌生的邻座，便可先“投石”询问：“你和主人是老乡呢？还是老同学？”无论问话的前半句对，还是后半句对，都可循着对的一方面交谈下去；如果问得都不对，对方回答说是“老同事”，那也可谈下去了。

循趣入题。问明陌生人的兴趣，循趣发问，能顺利地进入话题。如对方喜爱象棋，便可以此为话题，谈下棋的情趣，车、马、炮的运用，等等。如果你对下棋略通一二，那肯定谈得投机。如你对下棋不太了解，那也正是个学习机会，可静心倾听，适时提问，借此大开眼界。

引发话题的方法很多，诸如“借事生题”法、“即景出题”法、“由情入题”法，等等。可巧妙地从某事、某景、某种情感，引发一番议论。引发话题，类似“抽线头”、“插路标”，重点在引，目的在导出对方的话茬儿。

缩短距离。托陌生人办事时，必须在缩短距离上下工夫，力求在短时间内了解得多些，缩短彼此的距离，力求在感情上融洽起来。孔子说：“道不同，不相为谋。”志同道合，才能谈得拢。我国多有“一见如故”的美谈。陌生人要能谈得投机，要在“故”字上做文章，变“生”为“故”。

看准情势，不放过应当说话的机会，适时插入交谈，适时地“自我表现”，能让对方充分了解自己。交谈是双边活动，只了解对方，不让对方了解自己，同样难以深谈。陌生人如能从你“入”式的谈话中获取教益，双方会更亲近。适时切入，能把你的知识主动有效地献给对方，实际上符合“互补”原则，奠定了“情投意合”的基础。

借用媒介。寻找自己与陌生人之间的媒介物，以此找出共同语言，缩短双方距离。如见一位陌生人手里拿着一件什么东西，可问：“这是什么？……看来你在这方面一定是个行家。正巧我有个问题想向你请教。”对别人的一切显出浓厚的兴趣，通过媒介物引发他们表露自我，交谈也会顺利进行。

留有余地。留些空缺让对方接口，使对方感到双方的心是相通的，交谈是和谐的，进而缩短距离。因此，和陌生人的交谈，千万不要把话讲完，把自己的观点讲死，而应是虚怀若谷，欢迎探讨。

总之，在办事的时候，我们难免会遇到一些僵局，要想顺利解决事情，就应该善于打破一切僵局。

说话要因人而异

生活中经常会有这样的情况，同样一句话，你对甲说，甲肯全神贯注地听；你对乙说，乙却顾左右而言他。这时候对甲说，甲乐于接受，那个时候对甲说，甲觉得不耐烦。这除了表示甲乙两个人的生活环境不同，也表示甲前后的心情不一样。

所以，你要向对方说话，应该注意什么时候最适宜。对方正在工作紧张的时候，不要去说话；对方正在焦急的时候，不要去说话；对方正在盛怒的时候，不要去说话；对方正在放浪形骸的时候，也不要去说话；对方正在悲伤的时候，更不要去说话。只要有上述几种情形之一，你去说话，一定会碰一鼻子灰，不但说话的目的达不到，而且还会遭冷遇，受申斥也是意料中的事。

你有得意的事，就该与得意的人谈；你有失意的事，应该和失意的人谈。和失意的人谈你得意的事，你不但不知趣，简直是挖苦、讥讽他，他对你的感情，只会更坏，不会变好的。和得意的人谈你失意的事，他顶多与你作表面的应付，决不会表示真实的同情。有时还可能引起误会，以为你是要请他帮助，他会预先防备，使你无法久谈。所以你要诉苦，应找同情形的人去诉，同病自会相怜，不但能得到精神上的安慰，亦可稍叙胸中不平之气。你要谈得意之事，应该向得意的人去谈，志同道合。年轻人涵养功夫不够，稍有得意的事，便逢人就说且自鸣得意，结果招人骂你器小易盈，笑你沾沾自喜，无意中还会惹起别人的妒忌。偶有不如意使你觉得满腹牢骚，如有骨鲠在喉，不免逢人就诉，结果惹人讨厌，说你毫无耐性，甚至笑你活该。

那么，怎样才能恰到好处地掌握因人而异的说话技巧呢？

首先，应先了解对方的一些经历情况和生活状况。知其思维方式不相同的同时，也要特别了解他的生活愿望，生活观点。

其次，必须注意对方的心境特征。如果在交谈当中，不顾对方的心理变化，而一味地将想法统统搬出来，那么，你是得不到他的认同的。一相情愿的谈话往往会让对方厌恶。

然后，必须考虑到对方的反应。在中国北方，老人故世了，以“老了”讳饰，类似有不下几十个同义讳饰词语。再如，生活中对跛脚老人，改说“您老腿脚不利索”；对耳聋的人，改说“耳背”；对妇女怀孕说“有喜”。总之，在语言交流中讲究讳饰，也就是“矮子面前莫说矮”，应做到“哪壶不开就别提哪壶”。其他如，长途汽车停车路边，让旅客如厕以“让各位方便一下”来避讳；用餐时需上厕所，一般以去“洗手间”来避讳。在社交场合用这些讳饰式的委婉语，不至于大杀风景。

女人说话时，先要看准对象，他是愿意和你说话的人吗？如果所遇非人，还是不说为好；这个时候，你是要说话的时候吗？如果时候不对，还是不说话的好。说话的成功与失败，诚然与你的说话技术有关，而是否得其人、得其时，也与你说话的成败有很大的关系。多说话，别人未必当你是能干；少说话，也未必当你是呆子。

再有，掌握因人而异的说话技巧，很重要的一点就是，根据不同的人要用不同的措辞。

这也是语言的技巧问题。

有关措辞的使用，对于上级或不太亲近的人，要用敬语，对小孩就用对待小孩的语言。

也就是说，如果对任何一种人都用同样的措辞，同样的口气说话，人家岂不会认为你这个人有毛病？也可能你在使用敬语时，对方会说“竟然提到那样的事，这还算是朋友吗？”或是“千万别说那种见外的话，我们交往了多年，应该说是好朋友了”。这就是你的措辞不当造成的。

因此，正确的措辞和表达方式，是依靠彼此心理的亲疏而定的。不管何时，如果对任何人都以同样的方式进行交谈，总有地方会发生矛盾，重要的是在交谈前就要分清楚。轻浮而善于逢迎的人多失败在这上头。

是否能正确地衡量他人与自己的关系，这是个人的教养，这也是为什么有教养的人说起话来总让人感到如沐春风的关键所在。

女人说话不妨委婉一点

男人如果直来直去，人们会说他豪爽，但如果一个女人也像男人一样直来直去，那人们多半不会认同和接受。女人以温柔见长，在为人处世方面要含蓄、委婉一些，才能留给别人一个好印象。这在很大程度上涉及语言的委婉性、得体性问题。以此为基点，一个女人如果能运用适当的语言表达手段，不仅能在社交中树立起谦逊成熟的形象和良好的修养，还有利于彼此的交流和交往目的的达成。

有一家新开的理发店，门前贴着一副对联：“磨刀以待，问天下头颅几许；及锋而试，看老夫手段如何！”这看似气势恢弘的对联，内容上却是磨刀霍霍、令人胆寒，结果吓跑了不少顾客，这家理发店自然也是门可罗雀。而另一家理发店的对联就以含蓄见长：“相逢尽是弹冠客，此去应无搔首人”，上联取“弹冠相庆”之典故，含有准备做官之意，符合理发人进门脱帽弹冠之情形；下联意即人人中意、心情舒畅。此联语意婉转，结果这家理发店生意兴隆。不难看出，书面语言的委婉含蓄有其长处，口头语言也是这样。

英国思想家培根曾说过：“交谈时的含蓄和得体，比口若悬河更可贵。”在言谈中，有驾驭语言功力的人，总会自如地运用多种表达方式并不断探索各种语言风格。虽然有些话非直言不讳不可，但生活中并非处处都能“直”，有时还非得含蓄、委婉些，使其表达效果更佳。“球王”贝利在绿茵场上的超凡技艺不仅令万千观众心醉，而且常使场上对手叫绝。尽管他不知踢过多少好球，但当他创造进球数满一千的纪录后，有人问他：“您哪个球踢得最好？”贝利笑笑回答：“下一个。”无独有偶，巴黎的大铁塔可谓举世闻名，可是它的设计者——艾菲尔，却一度鲜为人知，他曾用微妙的俏皮话表达他难以形容的心情：“我真嫉妒铁塔。”一句婉言，包容了万语千言。

在相当多的情况下，委婉还是说服别人或促使听者反省自查的“温柔”武器。有一次，居里夫人过生日，丈夫彼埃尔用一年的积蓄买了一件名贵的大衣，作为生日礼物送给爱妻。当她看到丈夫手中的大衣时爱怨交集，她既想要感激丈夫对自己的爱，也想要说明不该买这样贵重的礼物，因为那时试验正缺钱。于是，她婉言道：“亲爱的，谢谢你，谢谢你，这件大衣确实谁见了都是喜欢的，但是我要说，幸福是内涵的，比如说，你送我一束鲜花祝贺生日，对我们来说就好得多。只要我们永远一起生活、战斗，比你送我任何贵重物品都要珍贵。”这一席话使丈夫认识到自己花那么多钱买礼物确实欠妥当。

说到这里，我们可以得出这样一个定义：委婉的言谈技巧就是运用迂回曲折的含蓄语言表达本意的方法。在日常交际中，总会有一些人们不便、不忍，或者语境不允许直说的话题，需要把“词锋”隐遁，或把“棱角”磨圆一些，使语意软化，便于听者接受。说话人故意说些与本意相关或相似的事物，来烘托本来要直说的意思。

委婉的言谈技巧是办事说话时的一种“缓冲”方法。委婉能使本来也许是困难的交往，变得顺利起来，让听者在比较舒坦的氛围中接受信息。因此，有人称“委婉”是办事语言中的“软化”艺术。例如巧用语气助词，把“你这样做不好！”改成“你这样做不好吧”。也可灵活使用否定词，把“我认为你不对！”改成“我不认为你是对的”。还可以用和缓的推托，把“我不同意！”改成“目前，恐怕很难办到”。这些，都能起到“软化”效果。

具体地说，委婉的言谈技巧有以下几种形式：

讳饰式委婉法。它是用委婉的词语表示不便直说或使人感到难堪的方法。

有时，即使动机好，如果语言不加讳饰，也容易招人反感。比如：售票员说：“请哪位同志给这位‘大肚皮’让个座位。”尽管有人让出了座位，但孕妇却没有坐，“大肚皮”这一称呼，使她难堪。如果这句话换成：“为了祖国的下一代，请哪位热心人，给这位‘有喜’的大姐让个座位。”当有人让出座位时，这位孕妇就会对售票员表示感谢，并愉快地坐下。

委婉是一种极为高明的修辞手法，即在讲话时不直陈本意，而是用委婉之词加以烘托或暗示，对于这样的语言越是揣摩，似乎含义也越深越多，因而也就越具有吸引力和感染力。有时，人们用故意游移其词的手法，既不违背语言规范，又会给人以风趣之感。比如：有人在谈及某人相貌丑陋时说“长得困难点”，在谈到对一件事、一个人有不满情绪时，说他对此人此事有点“感冒”等，都能曲折地表达事情的本意。

第5章　举止优雅，你的形象完美无缺

良好的仪表会让你自信倍增

美对于80后女孩来说，可能都有各自特定的含义，但有一点不可否认的事实，那就是大家对于美好的事物都愿意接纳，对于丑陋的事物都会排斥。因此，在这种心理的驱使下，每个人都希望自己拥有一个良好的仪表，为自己增添几分自信。

中国人有句俗话："做什么就要像什么。"一个良好的个人仪表能轻易赢得别人的赞美，这些赞美无形中便能累积自信的能量，创造出许多脱颖而出的成功机会，帮助人生开启一扇又一扇的幸运之门。因此，拥有一个良好的仪表会让你自信倍增。那么怎样才能拥有一个良好的仪表呢?

了解自己的优势，发现自己的独特气质。每个人的独特气质都是无可替代的，比如肤色、身材等。

永远不要放弃建立独特的个人穿衣造型。要相信"我就是最美的一颗星，我一定能穿出不亚于明星的魅力气势"。

更新你的衣橱。比如清理一些尺寸不合适或三年不穿的衣服，时刻把握住流行的脉搏。

用饰品提升魅力指数。结合自己的五官与饰品的款式、数量以及场合等，塑造出一个与众不同的自我。

据统计，给予别人印象的好坏，有55%来自于外在的仪表。仪表是与外界沟通的语言之一。它的实质是让别人知道你正在献身一种思想和目标，显示的是自信、自尊和力量。良好的仪表不仅能够提升个人的信誉价值，而且还能提高自己的职业自信心。通过仪表，人们便可以判定一个人是否有自信，是否对生活充满了激情。然而仪表中蕴含的自信却又是一种极其容易被忽视的资源。在生活中，很多人就是因为忽视了良好的仪表所能带给人的那种巨大魔力，从而失去了许多稍纵即逝的机会。

有位古希腊哲学家指出："人们在敬业和生活中的成功，15%靠的是专业知识，85%靠的是自信心。"著名管理学家德鲁克也讲过："赢得别人的良好评价是进步的本质所在，成功与合作形影相连。"良好的仪表会为你赢得一种无法想象的力量，从而让你步入非凡的成功之路。

一位哲人说过："行为举止是心灵的外衣，它不仅反映一个人的外表，也可以反映一个人的品格和精神气质。"这是办公室一族必须了熟于心的金科玉律。

在仪态美方面，举止文明、举止优美、举止得当是礼仪的基本原则。举止文明，是要求人的仪态要合乎礼貌，显得富有教养；举止优美，是要求人"秀外慧中"，使自己的心灵美通过仪态美自然而然地流露，使自己的仪态美观、大方、高雅、得当。

让职业装尽显女性的魅力

80后女孩在穿职业装的时候，必须依照其常规的穿着方法，将其认真穿好，令其处处到位。按一般规矩，在工作场合穿套裙时，上衣的领子要完全翻好，衣袋的盖子要拉出来盖住衣袋；不允许将上衣披在身上，或者搭在身上；裙子要穿得端端正正，上下对齐之处务必对齐。上衣的衣扣要一律全部系上。不允许将其部分或全部解开，更不允许当着别人的面随便将上衣脱下来。因此，在上班之前，一定要抽出一点时间仔细地检查一下自己所穿的衣裙的纽扣是否系好、拉锁是否拉好。在大庭广众之下，如果上衣的衣扣系得有所遗漏，或者裙子的拉锁忘记拉上、稍稍滑开一些，都会令着装者一时无地自容。

套裙虽然是办公室女性的常规着装，但是并不意味着不论干什么事情都可以以套裙应付下来。与任何服装一样，套裙自有适用的特定场合。在各种正式的工作场合之中，一般以穿着套裙为好。在涉外活动之中，则务必应当这样去做。除此之外，没有必要非穿套裙不可。比如公司或部门举办的让大家联络感情的聚会，穿得休闲点未尝不可。穿着套裙时，搭配的鞋子最好是大小适中的牛皮鞋。黑色皮鞋是搭配套裙的正宗颜色，其他颜色的皮鞋应当与套裙的颜色一致。袜子通常是尼龙丝袜、羊毛高统袜或者连裤袜。袜子的颜色应当为单色，有肉色、黑色、浅灰色、浅棕色等几种常规颜色可供选择。丝袜的长度应当高于裙子的下摆，袜口没入裙内。

穿着套裙应当兼顾举止。虽说套裙最能够体现女性的柔美曲线，但着装者举止不雅，在穿套裙时对个人的仪态毫无要求，甚至听任自己肆意而为，就无法将套裙自身的美感表现出来。穿上套裙之后，女士站要站得又稳又正。不可以双腿叉开，站得东倒西歪，或是随时倚墙靠壁而立。就座以后，务必注意姿态，切勿双腿分开过大，或是翘起一条腿来，脚尖抖动不已，更不可以脚尖挑鞋直晃，甚至当众脱下鞋来。一套剪裁合身或稍为紧身一些的套裙，在行走之时或取放东西时，有可能对着装者产生一定程度的制约。由于裙摆所限，穿套装者走路时不能够大步流星地奔向前去，而只宜以小碎步疾行。行进之中，步子以轻、稳为好，不可走得“嗵嗵”直响。需要去取某物时，若其与自己相距较远，可请他人相助，千万不要逞强，尤其是不要踮起脚尖、伸直胳膊费力地去够，或是俯身、探头去拿，以免使套裙因此而訇然开裂。

在一般情况之下，套裙上不宜添加过多的点缀，否则极有可能会使其显得琐碎、杂乱、低俗和小气。有的时候，点缀过多还会使穿着者失之稳重。以贴布、绣花、花边、金线、彩条、扣链、亮片、珍珠、皮革等加以点缀或装饰的套裙，穿在办公室女士的身上，都不会有多么好的效果。通常，这一类的套裙往往是不为人们所接受的。不过，并非所有带有点缀的套裙均应遭到排斥。有些套裙上适当地采用了装饰扣、包边、蕾丝等点缀之物，实际效果其实也不错。重要之点在于，套裙上的点缀宜少不宜多、宜精不宜糙、宜简不宜繁。

手包是女人世界里亮丽的彩虹

在电影《钢琴师》里，饥饿至极的亚德里安·布洛迪摘下手上的金表让人帮他当了换东西吃。尽管那个时候他已经饿得极度憔悴：穿着灰色破旧的西装，但是瘦弱的手腕上的那块金表仍然显得如此地优雅。

其实，表不仅是一种装饰品，更多的时候，它是一种身份的象征，是一种品位的象征，更是一种守时的象征，戴表的男人首先会赢得女人的喜欢，更会赢得商务伙伴无形的信任。所以，大多数男人都很钟情于表，这种钟情不亚于女人对钻石的钟情。在男人的世界里，表就是男人的珠宝，它不仅体现了男人的品位，而且还彰显了男人的魅力。

如果说表是男人世界里的一块钻石，那么包就是女人世界里亮丽的彩虹。说起女人的包，你也许会产生这样一个疑问：每位女性究竟有几个包呢？这个问题就像问一个女人有几双鞋一样，答案会令人想半天。一般，在正式的社交场合中，包会反映出一个人的地位与品位。所以，包已经成为女人时尚化中不可缺少的道具。

作为女性必不可少的服装配饰，一个选料上乘、设计做工精细的名牌手袋，无论配衬什么服装，都能产生画龙点睛之效。服装设计师们说，手袋不只是具备了实用性，还反映了人类追求美的欲望。

单从心理上讲，女性的手袋还装着一份属于自己的秘密。一个手袋就是她的一个小世界，想了解她的人，看看她的手袋也许就会知道。时刻伴随主人的手袋也已经人性比了，不经意间透露着她的几多浪漫、几分柔情，也收藏着她的思考、追求和情趣。

有一种说法，假如你喜欢用大袋子，又爱把它塞得满满的，那可能意味着你是一个缺乏安全感的人。职业女性，尤其是年龄日长的职业女性大多如此。你看那些二十刚出头的女孩子，背只小小的短肩袋或背囊，一派青春无悔状。手袋的颜色也是一种语言。如你常用的手袋是鲜红色，说明你活泼自信且具野心；暗红色会给人一种神秘感；偏爱绿色的性格可能有些古怪；喜欢白色手袋的，比较注重物质享受；黑色的手袋，给人大方稳重的感觉……

有句话这样讲：“男人看表，女人看包。”表是男人的一个重要标志，包是女人世界里的灿烂一笔。所以办公室男女应该注意了，表和包是让你脱颖而出的无声法宝，不要忽视了这些小东西的力量，它们会让你散发出不一样的光彩。

饰物佩戴的学问

有人说："细节是魔鬼。"越是细微的地方，越要注意。在紧张忙碌的办公室生活中，有些人可能会大大咧咧，不注重配搭细节，可恰恰就是这些细节能决定一个人的修养和品位，影响自身的形象和他人对自己的评价。因此，我们一定要讲究饰物的佩戴，不要再犯类似的错误了，千万不能让它降低你的人格魅力。

总体来说，在准备佩戴饰物时，要考虑饰物的大方得体，不宜过多，不戴叮当作响的首饰，不佩戴过长的吊挂式耳环，也不要同时戴上几枚戒指。一般来说，全身的饰物最好不超过三件，否则会给人复杂或沉重的感觉。

季节不同，对于饰物的质地、色彩、形式以及佩戴取舍的要求也不同。选戴首饰时，不仅要照顾个人爱好，更应当服从自己的身份，要和自己的性别、年龄、职业、工作环境基本保持一致，而不要相差太多。

饰物搭配组合变化，形式很多，正确的搭配能体现出佩戴者的品位、个性。佩戴饰物还应注意与周围环境相协调，起到互补的艺术效果。

戴眼镜的女性配上穿耳洞的小耳环（贴耳式），可使面容显得清丽脱俗，不要再戴项链和胸针，免得给人臃杂感。

选择首饰时，应充分正视自身的形体特点，努力使首饰的佩戴为自己扬长避短。体型偏胖的人显得粗短、臃肿，脖子较短，戴首饰时宜选择色调暗淡、造型简洁的。单薄、瘦弱，脖子细长的清瘦体型的人，选择佩戴首饰的原则是淡饰中央而光彩两侧。身材欠高而结实的偏矮型人最好选择淡雅的珍珠挂坠与之相配。体型偏高的人，身材高

大、体格健壮的人适合佩戴的项链宜粗且长。

饰物的佩戴要考虑所处的场合和活动的内容。如上班、旅游时要少佩戴珍贵的饰物；出席宴会、舞会时应佩戴漂亮、醒目的饰物；吊唁时只能戴结婚戒指、珍珠项链及素色饰物。总之，佩戴首饰必须坚持以下几条原则：第一，应当顺从有关传统和习惯，在面试场合中最好不要靠佩戴的首饰去标新立异。第二，不要使用粗制滥造之物，在面试场合中不戴首饰是可以的，戴就要戴质地、做工俱佳的。第三，佩戴首饰要注意场合，面试时最好不戴或少戴首饰。还要注意，高档饰物，特别是珠宝首饰，适用在隆重的社交场合，如果在工作、休闲时佩戴，就显得过于张扬了。准确地说，只有在交际应酬时佩戴首饰才最合适。

戒指是不能随便戴的，因为它已经有了约定俗成的涵义，戴在各个手指上所暗示的意义是不同的。它是一种无声的语言，时时刻刻把一些必要的信息巧妙地传递给他人。例如，把戒指戴在大拇指上是少有的，通常也没有什么意义；戴在食指上，这是无偶而寻求恋爱对象，寻求爱情的意思，或表示求婚；戴在中指上，表示戒指的主人正在恋爱之中；戴在无名指上，表示已经订婚或者结婚；戴在小指上，表示自己是独身者，或表示终身不娶或不嫁。

总之，当今时代，饰物成为人们整体风采的重要点缀。如果能与人的气质、容貌、发型、装束浑然一体，将会更加优雅美丽，仪态万方。佩戴好饰物，就会使人容光焕发，更有风采。

职业女性要懂得香水的妙用

香水对于人们风情的诠释，是种无法抗拒的魅力。选择适合自身脾性的香水，也更能烘托出个人独特的美丽和韵味。不管是在办公室、宴会厅，还是在游乐场，根据不同的场合，挑选出适合自己的香味，这是一名成熟女性不可缺的礼仪之一。因此，我们每个人都应该学习一些使用香水的相关礼仪，试着用“香气”表现自己。

根据场合使用香水。探病或就诊，用淡香水比较好，以免影响医生和病人；参加严肃会议，千万不要用浓香水；在工作时，切忌个性强烈的香水；在宴会上，香水涂抹在腰部以下是基本的礼貌。过浓的香水会影响食物的味道，还可能减低食欲。

选择适合自己的香水。选择合适的香水，也是门艺术。别人身上的幽香，不一定适合你。因为每个人的肤质、体温、习惯都不同，与香水产生的化学作用当然也不会一样。擦香水最主要是为了取悦自己，所以在选购香水时不能随便妥协，不能单凭视觉和嗅觉，必须试用后，确定这款香水究竟是否适合自己。

使用香水要适可而止。喷香水不易多量，适可而止。过量，味道浓烈，反而给人俗套、不够大方的感觉。香味过于浓烈，其实是不得体的行为，并会影响他人。或者遇到有些对味道敏感的人，效果恰恰相反，造成不好的收场。

使用香水的方法。香水使用在身上，香味会随着时间、温度由下往上升，因此在使用香水的时候，不要只集中在上半身使用，要注重均衡分布。香水味通常会随着体温升高而更易散发，因此，使用在体温高的部位，会比使用在衣服上更香。在季节上，夏天也比冬天更容易感觉到香味。香味会随着身体的动作而扩散，因此使用在手腕、肘部、膝盖内侧等经常动的部位最为理想。

在使用任何香水前，应了解该品牌香水所附着的社会人文内涵是什么。要知道香水的使用有男女之分，有场合要求之分，有身份之分。

使用香水，不要往汗腺发达的部位喷洒，否则，你的心愿会被适得其反的体味所否定。如果你出席某种正式场合需喷洒香水，应提前两小时，千万不要“临阵磨枪”。

香水可以喷在干净、刚洗完的头发上。若头发上有尘垢或者油脂会令香水变质。

已喷了香水的话，就不宜在身体再喷香水来测试，道理再简单不过，香味混合在一起，你还能正确分辨吗？

棉质、丝质很容易留下痕迹，千万不要喷在皮毛上，不但损害皮毛，颜色也会改变。

香水不要碰到珠宝、金、银制品。如果要穿戴珠宝、金、银饰品时，最好是先喷好香水再戴，否则会使之褪色、损伤，尤其是珍珠类，这些都是活的东西，很容易受到带有化学成分的物质影响而改变品质。

古人说“文如其人”，而今却要说“香如其人”了。一个会修饰自己、会打扮自己的人绝对知道香水给自己也给别人带来的味道应该是适度和幽雅的。的确，从香水的选择往往可以知道这个人的品味。因此，我们用香水时要做到浓淡相宜，场合得体，从而使自己和他人都感到愉悦。

化妆要注意恰到好处

每个人的容颜不可能完美无缺，办公室工作人员更是如此。适当的修饰可以弥补某些缺陷，使自身形象更趋完美。但是，在日常工作中，人们或多或少都有一些不礼貌的化妆习惯，对自身产生了不利的影响，而本人却还沉浸在自以为得意的妆容中浑然不知。

化妆的浓淡要视时间、场合而定。在工作时间、工作场合，只能允许化淡妆。工作时间化太浓的妆，脸上涂了厚厚的粉底，嘴上涂着厚厚的唇膏，与周围严肃紧张的工作气氛大不相宜，也让人感觉你关心的不是工作，还会使人觉得过分招摇和粗俗。工作妆的主要特点是简约、清丽、素雅。它既要传神，给人以深刻的印象，又不显得脂粉气十足。浓妆只有在晚上才可以用。外出旅游或者参加运动时，不要化浓妆，否则在自然光下会显得很不自然．似乎是演出的化妆。

每天早上化了妆再上班，其实也是工作的礼节之一。这就如有客人来到家中拜访时，你会把家里打扫干净，同样地，到公司上班，必须以和悦的脸来接待客人，又怎能不稍加修饰呢？因为上班时，即使你是坐在办公桌前，也要经常跟别人接触，当和别人接触时，如果有人看到你那张秃秃的脸，虽然你极注意说话的态度不使别人感到不愉快，却还不能算是一位完整的社会人。

不当众化妆或补妆。如果当众表演化妆术，特别是在工作岗位上，则显得很不庄重，而且还会使人觉得她们对待工作用心不专。如要进行化妆或补妆，最好还是在自己的房间里，或外出时在没有人的地方或到洗手间里进行，这叫做“修饰避人”。

不要使妆面出现残缺，既然化妆就要维护妆面的完整性，尤其是在用餐、饮水、休息、出汗之后，要时常检查，及时补妆。因为妆面残缺直接有损自身形象，还给他人留下为人懒惰邋遢、做事缺乏条理的印象。

不要在他人面前化妆，这是非常失礼的，是对他人的妨碍，也是对自己的不尊重。假若真需要修饰的话，应该到洗手间去进行。经常当众化妆，还会让人感到你不务正业。

不要借用他人的化妆品，不论是对谁，不论是否需要，都不要去借用人家的化妆品，这不仅不卫生，也不礼貌。

在化妆时，应使妆面协调、全身协调、场合协调、身份协调，以体现出自己的不俗品位。

避免过量使用浓香型化妆品。人们过量使用浓香型化妆品，不但有可能因此使人觉得自己的表现欲望过于强烈，还会引起对方的反感和不快。通常认为，身上的香味在一米以内被闻到不算是过量；如果三米开外香味就能被闻到，则肯定是过量了。

注重仪容不仅是自尊、自重、自爱的表现，也是对他人的尊重。而一个良好的化妆习惯同样也能体现这一点。在上述的几条中，有些是人人皆知的，例如“要及时补妆”；有的则常为人所忽略，例如“不要借用他人的化妆品”等。无论哪种情况，我们都要引以为戒，严格要求自己，力争改掉不礼貌的化妆习惯，形成优美良好的礼仪形象。

有气质的女人是一道风景

女人本身所持有的气质是自己与他人的主要区别，它既是女人的代名词，也是女人的品牌。品牌是一种无形资产，它可以增加你的魅力，又可以使你的成功最大化。女人一旦将气质变为品牌，就像拥有了神圣的力量似的，从而将成功握在自己的手中。漂亮女人，高雅的气质能让她锦上添花；对于不太漂亮的女人，高雅的气质同样会使她光彩照人。女人的漂亮往往流于表面，而气质却渗透整个身心，并会永驻于他人的印象之中。

相对漂亮而言，气质无法先天继承而来，只能经后天培养、维护而获得。太年轻的女人不能给人以足够的信任感，太老的女人则无法给人以梦想，而太炫目的女人又容易遭到同类的嫉妒。唯有气质型女人，才可充当各种场合都合适的角色。

女人的气质犹如花之魂、水之韵、松之魄，无影无形，很难用语言形容。诗人徐志摩曾被一位日本少女的温柔气质所感动，写下了著名的诗句："最是那一低头的温柔，像一朵水莲花不胜凉风的娇羞……"而现代女性越来越讲究"内外兼修"，在气质的修炼上纷纷找准从"文化"入手的捷径。于是乎，女人的气质便演化为高贵、性感、情趣、妩媚或神秘。

一个没有道德感或者品德低下、庸俗的人是不受欢迎的。与此紧密相关的是文化修养的问题，但这里的文化修养不能简单地理解为多看几本书、多识几个字，或是多学得一些知识。无疑，多看书、多学知识是文化修养的内容，但不能仅局限于此。

我们所说的文化素养包括：广博的知识、深刻的理解能力、良好的审美观、丰富的联想力等等。达到这个目标的方法只有一个，就是学习。学习的途径不只是多看书，还要多参加各种社交活动、文娱活动，多接触人，多交谈。从社交中获得知识也是一个很重要、很有益的途径。

女人的声音以轻柔、圆滑为美，像一曲动听的音乐，给人以无限的憧憬、幻想、回忆。有些人可能会说，声音是天生的，我天生的声音就不好听，这怎么做得到？话虽这么说，但是我们可以改变自己，注意自己说话的语调和语速，语调抑扬顿挫，语速适中如溪水潺潺流过，这也同样能给人留下美感。

不论什么样的喜怒哀乐、柔情蜜意，都不应加以隐藏。一个经常压抑、掩藏情绪的女子，会被视为冷漠无情，没有人会喜欢和一座冰

山交往的。

女人在交往中，要心胸开朗，豁然大度，千万别小心眼、小家子气。不要为一点点小事就大动肝火，斤斤计较，甚至在许多场合弄得大家都非常难堪而下不了台，这样会令人讨厌的。

每个人都有自己的自尊心，都有引以为傲的地方。卖弄是缺少教养的表现。当然，女人一般考虑问题都比男性周到而细致，在那种马大哈的男人面前，适当显示你的周到与细致，他是会非常看重你的。千万不要以为这是要小聪明，这是女人心思细腻的表现。

在社交中，不能因为别人与自己脾气不同，身份有异，就显示出不耐烦或瞧不起别人的样子。当然也不要因自己的职务、地位不如人家，或长相一般、服饰不佳而过分谦卑，要落落大方、不卑不亢。

世界上没有丑陋的女人，只有懒惰的不会打扮自己的女人。三分人才，七分打扮。从这些话中，我们可以看出打扮的重要性。女人的打扮不仅仅是为自己心爱的人，也有社会性目的。在生活中，一个爱打扮的女人比一个不爱打扮的女人更受别人的关注，特别是来自男性的关注。在工作上更能得到同事和上司的认可，在生活上也能得到更多人的喜爱。

有气质的女人不矫揉造作，她们自我、自信，还有一点小女人的味道；成熟，还保持着清纯；书卷气，但不刻板；衣着得体、大方又不失妩媚；有情趣，有内涵，还具有欣赏价值。

一个有气质的女人，需要内涵、修养与智慧共存。所以我们要不断丰富自己的内涵和修养，提高自己的智慧，培养高雅气质，保持自己的善良和温柔，那么我们将会焕发出迷人的风采，成为一个魅力十足的女人。

做个优雅如花的女人

优雅，是一种高文化修养的表现，举止言谈时时处处都要显得很有格调，有品味，包括穿衣、表情、动作。

魅力的形成是后天可以装饰出来的，而内容需要积累，那是一种神韵与情致的结合。女人的魅力就是女人智慧的体现，是女人对自身的定位、对自己生存状态的洞察力和分析力，对人生的一种领悟。对于女人来说，有优雅的气质远比长相漂亮重要得多。

自信的女人是最美丽、最优秀的。做什么不一定要说出来，因为别人看得见，大肆宣扬反而让人觉得你不谦虚。聪明的人一直都是在夸别人，同时借别人之口宣传自己。还没有成功的事情不要总给别人希望，凡事要放在心里，自信可以表现在脸上，但是话还是要埋在心里。

微笑会让你留给人很深刻的第一印象。不要呆若木鸡，也不要笑得花枝乱颤。做不到笑不露齿，就轻轻上扬一下你的嘴角。最重要的是你的眼睛，听别人说话或者跟别人说话时一定要正视着人家的眼睛，不要左顾右盼，因为女人的眼睛最能泄露她的内心。

站立时一定要抬头挺胸收腹，不管在哪里，在哪种场合，只要是站就要保持这种形态，长此以往就会形成一种习惯。如果你还不习惯，那就回家练习一下，脚跟、臀部、两肩、后脑勺贴着墙，两手垂直下放，两腿并笼作立正姿势站上半个小时，天天如此，不相信你站不出那个效果来。

坐姿一定要雅。上身端正，臀部只坐椅子的三分之一，双腿并笼向左或向右侧放，也可以一条腿搭在另一条腿上，两腿自然下垂。但切忌不能两腿叉开，更不宜跷二郎腿，因为，这样做的话很不“淑女”。

走路的时候抬头挺胸收腹，别总是低头像要捡钱。目不斜视，走出自己的气势，不要大步流星，也不要生怕踩了路上的蚂蚁，不快不慢，稳稳当当。臀部细微的扭动更显出你的妩媚腰姿，但不要上身全跟着动，两手自然垂直，轻轻前后摇摆，但不是走正步，自然即可。

女人要充分利用自己的头脑，多看书，培养自己的气质，即使你没有很高的文化水平，也要学习一门手艺，让自己在工作中得到乐趣，否则就只能做男人的附属品。

气质比容貌更重要，多学习，培养自己的优雅气质。

阅读使女人脱俗

通常喜欢读书的女人都很有涵养。读书使女人的生活充满光彩，使女人有正确的思想；能净化女人的灵魂。因此读书的女人看起来都是很有修养的，那种内涵可持续她的一生。

读书可以增添女人的智慧，可以使女人更有品位，也就是可以使女人展现一种智慧的美丽。就像在生活中，爱读书的女人，不管走到哪里都是一道风景。她也许貌不惊人，但她的骨子里却透出来一种天然的美丽。她们谈吐不俗，仪态大方，在任何场合都令人瞩目。爱读书的女人，她的美，不是鲜花，不是美酒，她只是一杯散发着幽幽香气的淡淡清茶，透出一个女人的智慧，一个女人的品位。

读书对增添女人品位的效力，不像睡眠，睡眠好的女人，容光焕发，睡眠差的女人眼圈乌黑。读书和不读书的女人在一天之内是看不出来的，书对于女人的美丽的功效，也不像美容食品，滋润得好的女人，驻颜有术，失养的女人憔悴不堪。读书和不读书的女人，在两三个月内，也是看不出来的。日子是一天一天地走，书要一页一页地读。清风明月，水滴石穿，一年几年一辈子读下去，累积的智慧，才能最终夯实女人的品位。所谓的“秀外慧中”就是指这个。女人读书所拥有的智慧使她与那些只会耍小聪明的女人有着质的区别。智慧与女人的领悟力有关。大至人生命运，小至日常生活，智慧使女人面对大小问题时懂得分寸，能够有明智的选择，而读书是智慧最好的入口。

也许有人说，男女虽然有别，但是，在看书这件事上男女是不该有什么区别的。男人可看的书，女人都应该看，比如：文学、哲学、戏剧、军事、政治、传记、历史等等。作为女人，因她在历史上的生存空间比男性要狭小，所以更需要博览群书，放眼世界，以明己知世，有效汲取最充足的养分，培养一颗属于自己的独特心灵，而后过上自己想要并适合自己的生活。所以，女人最好什么书都要看一点。但作为女人，必然有她和男人不同的阅读兴趣。女人读书一定要读出智慧来。读书的女人是温柔的，是高贵的，是一生的美丽。书是女人最好的饰品。作为一个现代女性，无论有多忙，压力有多大，有一些书是一定要看的，而且要仔细地看。因为它不仅教你如何看一个男人，做一个女人，也让你获得智慧，保持一生的美丽。相信每个女人都有自己坚定的路要走，那么，就把书当做你在游玩的路边欣赏到的意外景色，养养你的眼，然后去独自寻找自己的阅读之路吧！

世界上美丽的女人实在很多，但真正能够脱俗的美丽女人却少之又少。黛安娜的美丽，令全世界男人向往；郝思嘉的美丽，因其独具的魅力而受到人们的称赞。美丽高贵的女人几乎没有人能抵挡得住她的力量，那是因为她们身上具有脱俗的魅力。

脱俗的女人是最具魅力的女人，这样的女人对于男人来说，永远都是神秘的，每个男人都想揭开她的神秘面纱。当今世界不断上演着爱情的悲喜剧，而且将永远继续下去，这其中吸引男人的原动力主要就是女人的魅力。女人的魅力由很多因素组成，从外表的姿容到内在的性格、知识、修养等。自古以来，就有这样一种女人，她们好像生来就超凡脱俗，有一种娴雅和诱人的魅力，使得她们在男人的心里永存。

脱俗的女人是聪明的，是有内涵的。她们有渊博的知识、睿智的语言，并在事业上创造进取。这样的女人是众人乐于交往的对象，我们往往会在心中用天使去比喻她，她们好比天使般纯洁无瑕，她们就是天使。男人希望自己的女人都是天使，女人也希望自己在男人心中是天使。那么，聪明的你，一定要提高自己的修养，能够让自己的表现脱俗。

永恒的魅力来自内在的修炼

如果问女人爱不爱美，回答是肯定的。是啊，哪个女人不爱美呢？走在大街上，有的人你一眼看得出她爱美，你知道她为了美做了很多很多的事情，化妆、染发、买漂亮衣服、减肥、丰胸、隆高鼻子等；而有的人你却看不出她爱美，任由肤色暗淡、唇体干裂、头发杂乱干燥、形体松懈，服饰不讲究，更谈不上优雅。

不是说“爱美之心，人皆有之”吗？为什么有些人不去爱美呢？这主要是观念的问题。究其原因，有两个：一是大多数女人还没有真正认识到美和魅力对于女人一生幸福的重要性；二是通常自己不够漂亮或不再年轻靓丽的女人，会对美和魅力失去兴趣，在她们的潜意识中会认为自己已经远离了这个诱人和光芒四射的东西，于是不自觉地逐渐抛弃了对美的追求。她们尽管有时也会涂一涂口红，购置几件新衣服，但是激情已经不在了，也就不再努力。

那么，所谓的“魅力”是一种什么东西呢？魅力就是一种能量，是一种由内而外散发出来的吸引别人的气质。如果说容貌、服饰、身体是魅力之形，那么学识、阅历、修养则是魅力之本。执著、专注、自信、创意、才气、多情、善良、有情趣、有教养、懂得情绪管理，这些内在素养的成长，让魅力女人的心灵不断丰满。

一颗热爱生命的心灵对美与魅力的追求应当成为生命的一部分，对美与魅力不应该是漠视和冷淡的。如果我们遵照哲人的名言：“命运掌握在自己的手中”，那么，魅力的钥匙一定是掌握在你自己的手里的。

“你想拥有魅力吗？”如果用这个问题去问每个女人，回答一定是肯定和明确的。事实上，“想”字并不像回答那么简单和轻松，“想”的后面需要紧跟着一项“艰苦”的工程，需要用女人一生的时光来完成的工程。女人们在回答这个问题时，潜意识中多会认为魅力是天生的，比如：美丽的眼睛、迷人的形体、柔滑的肌肤……很多女人潜意识中总认为自己没有美的部位，或青春已逝，不再拥有年轻貌美时，往往会缺少甚至丧失追求美的动力和激情。这是女人特别是中国女人的一大误区。美丽可以构成魅力的一个部分，但美丽不等于魅力。魅力是需要后天努力挖掘才能展现的一种迷人力量。

渴望成功的女人，大多懂得为学历、知识、技能等付出足量的努力，同样，如果你期望与魅力结缘，你的一生就得绷着一股劲儿，这也如同你热爱上了文学、摄影或者绘画什么的，你不绷着一股劲儿哪会出什么好作品？

人的现状更多源自幼年生活习惯的积淀，就魅力而言，更是如此。渴望拥有魅力的愿望很简单，但真正获得魅力、提升魅力，就需要具备修炼魅力的意识和习惯。形象地说，就是你想成为一个魅力女人，你就得把修炼视为一项艰巨的人生工程，天天在路上，苦练不止。

法国女人是公认的全世界最优雅的女人，而且世世代代富有修炼魅力的意识。法国的母亲们非常注重膝下女儿的体态、发肤、神情、态度，热衷于让女儿参加舞蹈、音乐、表演等艺术方面的学习和训练课程，她们会为孩子们这方面出色的表现感到欣慰和自豪。

一位法国美容专家这样说过："不要小看一个能够长久保持优美身材的女人，这通常是一个顽强和很有自制力的女人。"这就是说，女人美丽的身影背后不仅仅是形体的问题，女人提升魅力也不仅仅是漂亮的问题，其中还折射出诸多女性内涵与素养。

第 6 章　投资靠眼光，理财靠能力

良好的心态是理财的基础

80 后的年轻女孩，很多是都市“新贫族”一员，拥有最强劲的消费热情、最前卫的消费观念、最现代化的消费品、最酷的消费方式，常常和朋友们光顾高消费的休闲场所，但存折上的数字并不比那些紧巴巴过日子的低收入者的大。她们努力赚钱，开心花钱，薪水丰厚，通常一笔钱还没有进账就早已规划好了它的用途。

这些“新贫族”多寄居在写字楼里，职业群为：IT、网络、SOHO、金融、律师、营销、导游、美容、演员等。节俭对于她们来说是困难的，寻求更好的工作、追逐更高的收入是她们对财富的最直接观念。养老和疾病对于她们来说，似乎是很遥远的事情，所以对退休后几十年的生活费来源不足并不存在什么恐惧，无法抵制美食、打车、时尚的诱惑，从而放弃利用时间降低投资风险、获得高额收益的机会。

抱着同样观点的年轻一族不妨想想，如果你只贪图一时的享受，经常入不敷出，退休后几十年的老年生活该怎么度过？是把晚年的幸福押在子女的孝顺上、自己的投资上、有钱的老公身上，还是有其他的选择？

现代职业女性都受过良好的教育，大多不甘心依附于男性，因此，及早为自己的理财作打算显然是身穿职业装、高跟鞋的巾帼们的必修课。

心态决定成败，要理好财，首先要有良好的心态，用平常的心态来看待理财。对于理财，许多人存在着“没财可理”、“不会理财”的心态。真的“没财可理”吗？

婷婷经营着一家饰品店，在朋友中算得上是收入最高的人。而芳芳只是一般的上班族，收入远比不上婷婷。但是 5 年之后，两个人的处境却截然相反。

芳芳学习了一些理财投资知识，用三年存下的钱，加上一部分贷款，在繁华的市区买了一套商品房，两年内，这套商品房不断升值。而婷婷只剩下一张余额 6 万元的存折和一张欠债 15 万的信用卡。强烈的反差让婷婷认识到了理财的必要性，决定跟着芳芳学习理财。

由此可见，理财，你将收获幸福人生，一味消费而不理财，你能收获的只有债务。理财不是富人的专利，不要将没钱可理作为借口。只要你还在劳动，只要你有收入，你就有财可理。事实上，越是没钱的人越需要理财，举个例子，如果你有一万元，但理财错误造成财产损失，很可能立即出现危及你生活保障的许多问题，而拥有百万、千万的有钱人，即使理财失误损失许多，也不至于影响其原有的生活质量，所以越没钱的人越输不起，越应严肃谨慎对待理财。需要提醒的是，这里所说的理财并不是单纯地指储蓄。大部分年轻人认为从月薪中拿出一些钱来作为定期存款，在降价打折的时候买衣服，这些就是理财的全部内容。其实，理财远不止这些。

这么说，也许有人会觉得理财很复杂、很麻烦，自己恐怕学不会。这种担心没有必要，理财投资并不是金融从业人员和有理财头脑的人的专利。实际上，理财的主体正是和你我一样的普通群体，每个人都可以理财。

当然，也不是每个人都可以理好财。理财时持有一颗平常心，可以让你有效地避免理财过程之中可能发生的风险。如果贪图高利，钱财可能来得更快，但去的时候也会更快。如果本身并没有太多的余钱，却总觉得每个机会都不能错过，于是本币、外币、A 股、B 股乃至字画、邮票等都来一点，最终将一无所获。

此外，有的人很容易陷入过于自信和完全相信专家的误区。有的人认为自己有一点经验或者知道一些具体信息，于是不管自己知道的多么有限，都觉得自己是专家了，不用再听取别人的意见，自己有足够的能力进行投资。与之相反，有的人认为自己什么都不知道，只相信专家的指导，把专家的指点当做投资圣经。其实，专家们不可能准确地预测市场的变化，连巴菲特、索罗斯这样有着丰富投资经验的大师都认为市场是毫无理性、不可预测的。这并不是说理财时不需要专家，而是说不要迷信专家。

理财的意识和良好的心态是理财成功的第一要素，所以应该保持良好的理财心态。

赶不完的时尚，淘不完的服装

人靠衣装，三分长相，七分装扮，漂亮的衣服会给青春增添无限光彩。在人生中最美丽的季节，谁都不想让自己显得很老土。年轻女孩，都有追逐时尚之心，然而时尚的脚步实在很难赶上，今年买了新款，到下一季又会有新的服装款式、面料和花色，时装设计师们永远都在制造不同的流行，每一年都有不同的流行，各个季节的流行也不相同。

每到换季的时候，女孩子们都会在服装店流连忘返，在商家的优惠活动和新款时装的诱惑下一掷千金。等到钱包瘪了，面对塞满过时的衣服的衣柜发愁的时候，才后悔当初不该买那么多没用的衣服，所以买衣服还是大有讲究的。

要购买生命周期长的衣服。经常浏览时尚杂志，充分了解时尚的趋势，掌握时尚的精髓所在。在购买服装的时候，要挑选那些经典、不易过时的款式和花色，然后添加一些时尚的元素，这样既不会显得落后，也不会让你为时尚付出太多代价。

注意服饰的搭配性。马钰买了一双漂亮的靴子，回家把所有的衣服都试遍了还是觉得不搭配，她只好再去商场买了一件外套，发现如果再有一件裙子就比较好，于是买了一件新款的裙子，紧接着又配了一条围巾、一顶帽子、一个包，这才感觉整体效果比较好，只是这样一来，靴子只花了两百多，而其他的配件加起来却总共花了两千多。买了马鞍又买马，相信马钰的经历是很多人都碰到过。所以在穿着方面，除了单件服饰的精致，总体的搭配也非常重要，既要求风格协调，又要体现自己的特色和品位。那么在购买服饰的时候，就要事先想好与自己已经拥有的服饰的搭配，最好选择那些容易搭配的服饰，尤其是那些与不同风格的衣服搭配能够起到不同效果的衣服或者首饰，这样能够让自己的衣服穿起来看着有很多品种，自然就可以降低购买的数量了。

选择购买的时机。一般来说女装的时效性特别强，每个季节新款上市时价格一定很高，等到季末的时候，就降价声一片了，到处都在打折，用一般甚至更少的价格就能买下完全相同的产品。刘敏冬天的时候，看中了一双靴子，但由于是在当季，所以价格比较高，标价是

680 元。虽然款式和颜色都很满意，试穿之后觉得也很合脚，但她当时还是没有买下来，因为她知道这双靴子不是流行的款式，而是经典的风格，如果能在季末打折的时候购买一定会省下很多钱，于是她就耐心等。果然，初春再来专柜，她惊喜地发现这双原价 680 元的靴子已经因为号码不全而降价到了 200 元，而她所需要的号码正好有。于是刘敏毫不犹豫地买下了这双以后几年都不会过时的靴子。两个月的等待让刘敏省下了 480 元，足够买一件新款的春装了，实在是超值。

学会砍价。除了被动等待商店的打折活动，还必须学会主动砍价。你如果自己不开口，商家可不会主动给你便宜。不要怕丢面子，没人会笑话你，要知道你跟商家磨一会儿，省下的可是自己的银子。服装价格确实水分很高，你要是不砍价，多掏钱的就是你。

一个人逛街很容易被商家蛊惑，如果能够与几个朋友结伴逛街就可以彼此配合，一个拿着衣服挑三拣四，一个对店家软言软语，既不能让人家生气不谈生意了，也能让店家明白自己不会上当。等到磨得差不多了，就说出比自己的心理底价稍微低一点的价格，卖方稍微提高一点就成交。

很多人习惯去大商场买衣服，因为不想跟小店老板讨价还价，认为大商场的价格透明，没有杀价的余地，所以干脆不考虑砍价的问题。事实上，现在的商家基本都是与厂家联营的，而导购小姐的收入也是由厂家发放的，厂家为了增加销量也会给导购一定的降价空间，因此不管商场里是否有促销降价的活动，都应该跟导购小姐要求折扣。

张萌看中了一件外套，在营业员主动给她打折以后满心欢喜地掏出 600 元钱买下了。这时候，来了两个女顾客，同样看中了她这种款式的外套，把营业员拉到旁边，说了半天，几个人终于喜笑颜开，衣服也开始熨烫了，但是两人却迟迟不开票交钱。张萌觉得很纳闷，营业员还算老实告诉张萌，卖给那两位小姐只要450元，怕她不高兴，准备等她走后再付钱。张萌非常生气，终于明白原来大商场也是可以还价的。

买东西先要问老板最低价，先了解店家的心理承受力以及商品真正的价格。这个战术的关键是开始要一个劲儿地喊价高，让老板再便宜一点，等老板一点一点把价格降下来，降到她告诉你最低价的时候，再补砍一下。遇到女老板，一次就从400元砍到150元，她多半不会承受的，而一点一点的磨价则比较合适。

同样风格的衣服这家店里有，另外的店子里肯定也有，价格会有一些不同。这就需要腿勤，还有对于此类的衣服可以多在几家商店逛逛，若其中有店主流露出想和你商量商量价格的意向后，你也不必急着和她开始口水仗。你可以很轻松地说在别家店也看到过这样的衣服，质量不见得差，价格比你低一半，即使你以前根本就没有问过价钱，不是都说兵不厌诈吗？此时，小店老板们会很急切地表明你不识货，以那样的价格绝对买不到。当然，你可以很轻松地说一句去别家再看看，即使没有买到衣服，起码也摸清楚了行情。来到下一家店和老板理论的时候就有了心理准备，还下来的价钱也差不到哪里去了。

买衣服要"淘"，擦亮眼睛，宁缺毋滥，不要被所谓的跳楼价冲昏了头脑，买了一些可能只能穿几次的衣服。与其买今年能穿明年就过时的衣服，还不如多花点钱买经典不易过时的衣服。

爱"拼"才会赢

"挤公交车太累，自己买车太贵，打的不实惠，还是拼车最有味”，“挣多少钱就过多少钱的日子，一个人消费不起的时候，我就找人一块儿分担。”这话道出了“拼一族”的心声。拼车、拼卡、拼饭、拼购、拼杂志……无不可“拼”，这就是都市新的“拼一族”的生活。

如何以有限的工资保证“足金足量”的生活品质？现代都市中，三五成群地搭伙吃饭、打的、购物等成了很多年轻人首选的生活方式，“拼一族”以“拼消费”践行着精明而时尚的生活理念。

“拼饭”的消费方式在一些年轻的工薪阶层中最为流行。对大多数单身的上班族来说，吃饭是一个难题。总吃盒饭没胃口，一个人去饭店钱包不允许。怎么办？找人一块下馆子。张小姐喜欢和三五个单身同事一起到饭店里“拼饭”。不管点了几个菜，大家都是 AA 制，个人负担不重，每天品尝不同的菜式，又热热闹闹地打发了午餐时间。

上下班的交通难题经常困扰着很多都市白领。互联网上，不断出现的“拼车俱乐部”提供了各种“拼车”上班的方案。把上班目的地设计成一条行车路线，几个人结伴租车上下班，根据路程远近按比例分配出租车费用。用比公交多一点的费用享受小车的潇洒，“拼车”与买车、坐公交相比，实惠方便得多。

时尚杂志是都市女性把握潮流新动向的重要工具，几乎每一位白领家里都有一堆时尚杂志。不过报亭里花花绿绿的时尚杂志太多，如果一口气买下来实在太不划算。

江小姐是一位白领，喜欢看时尚杂志，但书报亭里各种杂志琳琅满目，价格不菲，一个月买下几本就是一笔不小的开支。于是，江小姐找来志同道合的姐妹们，每人买一本，大家轮流看，不仅省钱，还丰富了谈资，增进了感情。最近，江小姐又与不同的朋友拼起了美容卡、健身卡，办一张卡要几千元，两三个人“拼卡”轮流使用，省了

钱，又让这些卡“物尽其用”。

目前，“拼购”在很多年轻人中也非常流行。一到节日，各大商场纷纷推出返券优惠，有时候为了返券买了一堆东西凑够钱数，结果发现买非所用。于是，精明的都市人开始实施“拼购”对策。在某公司上班的许小姐就经常以“拼购”的方式得到实惠。去年“五一”黄金周，一家大商场化妆品销售推出买800送300的活动，许小姐就约了两个同事，每人买了一件早就看中的化妆品，凑够了800元，然后又把300元返券一分为三买了些小礼品，大家皆大欢喜。

“拼生活”的方式不仅让人们更懂得了珍惜和节约，也加强了人与人之间的合作与沟通。“拼一族”进行的各种“拼消费”，提供了一种节约的形式，在追求高品质生活的同时又省掉不少的银子。比如说“拼车”可以节省50%以上的车费，“拼饭”可以多尝几倍于自己餐费的美味。另一方面，大家在“拼”的过程中，分享了很多快乐。

“拼消费”体现了中国人勤俭节约的传统美德，同时也节省了资源的浪费。“拼消费”不仅让大家都得到实惠，而且也增进了彼此的信任和友谊，起到了双赢、多赢的作用。

这是一种聪明的生活理念，“拼”得让人愉悦。在“朝九晚五”的生活定势中，蜗居在高楼大厦的城市精英们，即使每天都能在电梯里相遇，也很难给彼此一个深入交谈的借口。“拼生活”的出现，让背景相似和有共同兴趣的人聚集起来，促进了人际的沟通和交流，也拓展了都市人的生活圈子。

“拼生活”不同于盲目攀比和超前消费，而是一种理性的生活方式，也是一种理财方式。但是，由于大多数“拼消费”是属于随机行为，没有明确的规定，一旦引起纠纷将会很难处理，所以“拼一族”应该注意了解所“拼”的消费的具体情况，擦亮眼睛，谨防受到蓄意欺骗。

节省开支，做“啬”女郎

很多人在购物之前都会准备一张详细的购物单，并且会使用优惠券。单身女孩们收入虽然不少，但是也没有理由在消费上浪费更多的金钱。试想想一天节省一块钱，一年、十年，你该节省多少呢？

仔细盘点一下自己每个月的开支，就会发现其实有很多是不必要的。就算是必要开支，也有可圈可点之处。如果把每天的消费和支出都记录下来，每个月进行比较总结，看看哪些钱是该花的，哪些钱不该花，下个月的消费中就会注意，从而节省开支。

节省开支不是吝啬，该花的钱确实要花，可花可不花的还是考虑清楚再花，能够少花钱的坚决不多花。

林小姐是一位白领，一个月收入两千左右，但是她每个月光打车都得七八百元。而在某公司任企划部副经理的魏小姐，一个月的打车费用却很少超过两百元。她的想法是公司楼下就是公交车站，乘公交车出行方便。如果赶发布会，估计到酒店还有两三公里路的时候，她就下来拦一辆车型号的富康或者桑塔纳车，一个起步价就到了发布会现场，走下来的时候一样风风光光，又何必要多花那么多冤枉钱呢？

商场推出特价购物时，打折销售某些商品，物美价廉非常划算。随时计算自己所买物品的钱数，随着钱数的上升，也许可以促使你剔除那些并不急需或者可买可不买的东西。实用的日用品和食品不是值得珍藏的书籍，千万不要被那些花花绿绿的包装迷惑，因为精装比简装的东西要贵许多。

购物时，注意力要放在你想购买的东西上，而不是和它捆绑销售

或者附赠的物品上。方便的半成品，如已经洗净、切好的鱼、肉和蔬菜等，甚至是已经加拌的肉丝、肉片等反而更实惠。购买便宜货时，首先要考虑自己的需要，虽然便宜但是并不需要的东西买后积压在家最不划算。

女人如何有钱花

80后的美女们可能无一例外地想做个有钱人，然而对她们来说，“有钱”只是个模糊的概念，大部分女孩都不知道怎样才算“有钱”以及如何才能达到这个目标。

很多女孩认为，只要有大笔的钱进账就能变得富有，其实未必尽然。生活中我们可以看到很多年薪10万左右的高级白领，日子过得跟薪资水平仅及其一半的人差不多。银行里没有多少存款，消费上常常出现赤字。

一些人之所以能够舒服地退休，在于他们事先计划和透过一些隐形的资产来累积财富。一份高的薪水提供了人们累积财富的机会，但不会自动让人富有。如果你一年赚8万花10万，反而会破产。但如果你赚10万，投资1万元在银行存款、保险、证券上，持续几十年，则将会积累起巨额资产。这才是财富！才会给你一个稳定、积极的人生！

要想做有钱人，必须有积极的投资态度，进行认真的规划。无论你有多忙，都不应成为你拒绝花时间去积极投资的借口，因为现代科技的发展已能做到让你随时随地投资，比如在线投资。

理财专家告诉我们：每个人都有潜在的理财能力，“不懂”理财的人只是还没有把它开发出来。正确理财，你也可以积累起大笔财富，做个真正的有钱人。

把梦想化为动力。你可以充分地设想你想要做的事，想自由自在地旅游，想以自己喜欢的方式生活，想自由支配自己的时间，想获得财务自由而不被金钱问题困扰……由此发掘出源自内心深处的精神动力。

做出正确的选择。即选择如何利用自己的时间、自己的金钱以及头脑所学到的东西去实现我们的目标，这就是选择的力量。

选择对的朋友。美国“财商”专家罗伯特·清崎坦言：“我承认我确实会特别对待我那些有钱的朋友，我的目的不是他们拥有的钱财，而是他们致富的知识。”

掌握快速学习模式。学习一种新的模式。在今天这个快速发展的世界，并不要求你去学太多的东西，许多知识当你学到手往往已经过时了，问题在于你学得有多快。

评估自己的能力。致富并不是以牺牲舒适生活为代价去支付账单，这就是“财商”。假如一个人因为贷款买下一部名车，而每月必须支付令自己喘不过气来的金钱，这在财务上显然不明智。

给专业人员高酬劳。能够管理在某些技术领域比你更聪明的人并给他们以优厚的报酬，这就是高“财商”的表现。

刺激赚取金钱的欲望。用希望消费的欲望来激发并利用自己的财务天赋进行投资。你需要比金钱更精明，金钱才能按你的要求办事，而不是被它奴役。

获取他人的帮助。这个世界上有许多力量比我们所谓的能力更强，如果你有这些力量的帮助，你将更容易成功。所以对自己拥有的东西大度一些，也一定能得到慷慨的回报。

培养理财能力对每个人来说都是非常重要的，对于80后美女们来说尤为重要。因为她们正是储备资金开始赚取大笔财富的年龄，这时如果能成功地理财，那么对你的一生都会产生非常有益的影响，至少会给你足够自己开销的小财富。

千万不要忽略自己的钱包

女人的独立自主要先从经济权独立做起，单身的女人财务问题固然要自己打点，已婚的女人，家庭经济权如果不是自己负责，就算是想省事不插手，也绝不能糊涂。

有了经济独立权，才有充裕的发言以及成长空间，才能在家庭说了算，也才能把生活纳入自己的轨道。

女人理财有自己的特色，与男人相比，女人明显具有细致周到的特点。她们对家庭的生活开支更为了解，这样使得女人在收入支出的安排上享有优先决策权。另外，女人的投资理财偏向保守，很好地控制了风险。女人在决定投资之前，往往会事先征求多人的意见，三思而后行。

由于生理上的差异，女人对于形体的维护比男人要重视得多。时装、首饰、美容等高消费的商品对于女人来说，具有非常大的诱惑力。所以女人在这些商品上的花销往往很大。

在保险产品的选择上，女人已经意识到给自己买一份保险很重要。女人针对自己的特点，可以买一些包含有妇科疾病的险种。

在财产面前，感情当然是第一位的。不过现在的女人认识到，感情和财产可以兼有的。在结婚前，她们也会考虑财产公证以及所购房产所有人产权登记。

现在越来越多的女人加入职场的拼争中，尤其是一些二十几岁的女人，她们赚起钱来比男人毫不逊色。但是不可否认的是，她们中很多人在财务独立的同时，仍然没有意识到自己真正的财务需求，也没有明确的理财观念。

在生活中我们可以发现，无论是事事以家庭为先的传统女性，还是“只要我喜欢有什么不可以”的现代女性，在理财上给人的印象，不是斤斤计较攒小钱，就是盲目冲动的“月光族”，这都是很不恰当的。

有不少女性不相信自己的能力，态度保守，甚至对理财心存恐惧。有调查显示，一般女性最常使用的投资工具是储蓄存款，其他还有保险。这样的投资习性可看出女性寻求资金的“安全感”，但是却可能忽略了“通货膨胀”这个无形杀手，可能将定存的利息吃掉，长期下来可能连定存本金都保不住。

大多数女性不了解自己的财务需求，常常跟随亲朋好友进行相同的投资或理财活动，也就是说，往往只要答案，不问理由，明显地不同于男性追根究底的特性，采取了不适当的理财模式，反而造成财务危机。

我们要明白自己的需要，拟定理财计划。先静下心来评估一下自己承受风险的能力，了解自己的投资个性，明确写下自己在短、中、长期的阶段性理财目标。

学习理财知识，避免盲从盲信。许多周围的女性朋友总是觉得投资理财是一件很困难的事，需要专业知识，自己根本无法建立，因此懒得投入心力。其实要取得投资理财方面的成功，并不需要太专业的深奥的经济学知识。现在你投入心力累积的理财知识与经验都将伴随你一辈子，能帮助你建立稳健的财务结构，累积你需要的财富，这是你最应重视的投资。

专注工作，投资自我。虽然善于操盘投资理财不失为女性致富的途径，但终归让你获得最多财富，并获得成就感的还应该是你的工作。毕竟，以工作表现得到高报酬，自我能不断学习成长是一条最忠实稳健的投资理财之路。

理财能力对女人来说是非常重要的，会理财的女人很少出现钱包空空的状况，所以从现在开始，从管理好自己的钱包开始。

女人经济独立才是真正的独立

在这个现实的社会中，女人们到底应该占据怎样的社会及家庭的位置呢？恐怕一百个女人会有一百种说法，其实最重要还是女人自己的感觉。

在许多家庭中，女人们为了家庭牺牲了很多，她们有的完全退居二线做起了全职太太，有许多在职的女人也往往对工作失去了应有的激情而导致了无法加薪与晋升。

她们大多数都期盼自己的老公能够赚取更多的财富来支撑家庭的重担，企图靠男人来实现其自身价值，靠着丈夫的光辉来照亮自己。然而，这种想法却是大错特错的，要知道，失去了自我的女人，真能靠着丈夫实现自己的价值、找到自己的地位吗？

因此，生活中总有一些女人口口声声说自己不幸，与此同时，她们只是站在原地等待奇迹，而不去争取属于自己的新生活。女人无论做了妻子也好，做了母亲也罢，都必须活出自己的价值。

许多女人都把男人视为自己生命的全部，这是一种极端的生活态度。男人只是女人生命中的一部分，生命中必定也必须还有别的寄托，孩子、事业、朋友、爱好……这样，即使生活中的一部分受挫，也不会影响到其他的部分，这就是我们大多数人所说的，独立的女人的幸福所在。

在经济上独立的女人有一种优越感，她们能够挺直腰板与丈夫争论权力与地位，而不是他们的怜悯与同情。这也是不少女人在经济上依赖男人，导致她们内心苦恼的重要原因。

经济上的独立感使得女人有尊严。而男人呢？则会更在乎有尊严的女人。

男女生理的差异是上帝最伟大、最科学的设计，尊重这种差异是人性中最美的良知。有些荒谬的理论家鼓吹女人像男人一样去拼搏，这其实是一个美丽的陷阱。要知道，女人超负荷运转去追求所谓的独立和价值，不但会影响家庭的幸福，还会引发丈夫极大的不满与别人的偏见。

总而言之，男人与女人之间的和睦相处是以经济上的相对独立为基础的。如果在一个家庭里，女人没有任何经济来源，那么，这个家庭势必会有一些不和谐的因素在滋生。

一个完全要丈夫养活的女人很难说是一个独立的女人，所以我们不主张女人做全职太太。女人不应该因为婚姻而失去工作，因为工作能让一个女人成为真正财务独立的女人，进而成为人格独立的女人。

现代女人一定要有自己的经济来源，不要总想着依赖别人，这样只会让自己丢掉尊严。要有自己的朋友和社交，有自己的工作，做个独立的个体，而不是一个只会依赖男人的青藤。

留足“过冬”的粮食

人有生老病死，天有不测风云，在现代的家庭生活中需要面临的

应急事件很多，诸如意外的疾病；亲戚朋友结婚的随礼；孩子的额外娱乐要求……这些都是家庭意外支出的地方，作为家庭中掌管财务的你，甚至是单身独处的美女们都应该对于财富有个规划，尤其是要留出一些“过冬的粮食”，这样在有意外事情出现的时候，才不至于为了钱的事情而发愁了。

对于80后的美女们来说，大都是刚刚步入生活，对于生活中的风险预测或者感知毫无经验，因此她们的工资往往都是月光，或者那些聪明的美女们将大多数的资金投注到了长期的股票、基金当中，导致了手头可用资金的贫乏，对于风险和意外的应急能力相当地差。

那么怎么才能留足“过冬的粮食”以备不时之需呢?

要养成强制储蓄的习惯。每月将收入的一部分强制储蓄下来，当然存钱也是有学问的：在开始储蓄的时候，我们可以进行短期预存，诸如以三个月为周期的存款，这种存款方式比较适用于那些单身的、手头资金不多的上班族女性。对于她们来说，倘若将钱存到银行卡上相信是不会存得下钱的，以三个月为周期，不但可以抑制花钱，而且还能待小钱积累到一定的程度换成长期的大额存取。这样既能存到钱，也不会因为应急事件出现花钱而无钱可花的局面。

对透支信用卡说“不”。开源的首要任务就是“节流”，只有手中有钱才能“开源”。如果你能确实节流，减少这类吃喝玩乐的开销，每月省下一笔不菲的资金也就不算什么难事了。财富的累积速度本来就需要时间帮忙，如果你总是怨叹自己是“月光族”，却又羡慕那些开名车、有千万存款的精英女人，那么，首先就是要对信用卡说“不”!

现代女性要有预算观念。千万不要有“手中一卡走遍天下都不愁”的观念。要知道，信用卡不但能让你感受到花钱的豪爽，同时还能让你感受到还债的艰辛。

制定开支预算，记收支流水账。建议年轻的美女们每月根据支出内容，为各类支出制定预算，在预算额度内进行消费，尽量不超支；记录支出明细，定时进行分析，减少不必要的开支。

聪明的女人会时时刻刻盯紧自己的收支状况，身边会有一个小账本，把每天的消费支出都记下来，然后每个月进行比较总结，看看哪些钱该花，哪些钱不该花。然后在下个月消费时就会注意，从而节省开支。

而收集发票也是一种简单的记账方法，因为收入多半是由公司直接存入户头，支出较为复杂。将发票按日期收纳好，不但可以兑奖，还可以从中分析出自己在衣食住行上的花费，更可以让自己成为小富婆。

相信做足了以上的功夫，美女们的手中都能留下一些很多可以用于“过冬的粮食”了吧，而你的家庭生活也会因为拥有充足的“过冬的粮食”而越发地幸福，因为，你大可不必再为了意外的发生而怨天尤人、追悔当初了！

能挣会花是时尚女孩的标志

现在流行“钱商”这个概念。钱商就是一个人认识、把握金钱的智慧与能力，包括正确认识金钱和正确使用金钱。

一个人怎样使用金钱是检测其钱商高低的唯一方法。理财专家指出：“从一个人在储蓄、花销、送礼、收礼、借进、借出和遗赠等方面的做法，就知道一个人能不能赚钱。”

“会花钱就等于赚钱”。乍一听，总觉得有悖于中国的传统常理。

在中国人的传统理念里，能赚会花总是和吃喝玩乐联系在一起。所以有不少中国人在挣了一些钱之后，总喜欢深藏不露。更有甚者终其一生，花费甚少，身后却留下巨款一笔，让人大吃一惊。

80 后的女孩会花钱的比比皆是，同样的钱放在女人手中总是比男人们会花。会花钱就等于赚钱看来还是有前提的，不是花 10 元钱，换来了 10 元的货这样简单，而是花了 10 元钱，得到了 12 元，甚至是更高价值的商品，这才是真正意义上的赚。会花钱就等于赚钱的前提是花费之前多思量，凭一时冲动或心血来潮花钱，其结果常常是换来了一时的快感或满足，并没有得到更多的事后利益。当然，这种经大脑思考过后的决定，可不是婆婆妈妈讨价还价或优柔寡断地无从选择，而是在消费之前将自己定位成一个合格的市场调研员。

会花钱等于赚钱的最高境界，应该是在和朋友们一起分享那份物超所值带来的喜悦。

并不是每个人都“会花钱”。“会花钱”是花了 100 元钱，得到了 200 元甚至更高价值的商品；更有些深谙花钱学问的聪明人，花了 1 元却挣了 10 元。在不放弃生活的享受，不降低生活的品质的前提下，“花最少的钱，获得更多的享受”，这正是“会花钱”者的过人之处。

生活中的每一处细节，“会花钱”的人都会利用得恰到好处，把每一分钱都花在刀刃上。“我有钱，但不意味着可以奢侈”是他们的心态；“只买对的，不买贵的”是他们的原则。

俗话说，“吃不穷，穿不穷，算计不到要受穷”，但如今社会不断进步，生活水平日益提高，勤俭持家、使劲攒钱的老观念已经落伍了。“能挣会花”日渐成为最流行的理财新观念。

女人能赚钱，并不能说明她有品位、会生活，懂得人生的乐趣。评价女人的生活能力要看她怎么花钱，或者说怎么对待钱。女人应该知道怎么把钱花出去，应该知道如何经营好自己的家庭、经营好自己。赚钱是技术，花钱是艺术。赚钱决定着你的物质生活，而花钱则往往决定着你的精神生活。同时，会花钱的女人还能从花钱中感受到生活的乐趣，从而使赚钱成为一项有意义的、快乐的事情。

你不理财，财不理你

个人薪酬的高低与财富的多寡是没有关系的。一个人的教育水平高，他的薪酬一般就会高一些，也就是说他赚钱的本领高，这就是所谓的“人赚钱”本领。但是财富的多寡是取决以“钱赚钱”的本领，跟“人赚钱”的本领不是最直接的关系。人要发达是靠钱赚钱，不是靠人赚钱，女人更是如此。

理财不是发财，投资不是投机。细心谨慎是多数女人的特质，却也造成女人投资理财观念保守，无法掌握瞬息万变的局势，也是女人不敢放手一搏的借口。踏出投资理财第一步，学会“靠钱赚钱”便能做个轻松的女人，也能将家庭生活打理得红红火火！

现在的女人已走出家庭的束缚，跃上职场当家做主，知识与财富倍增，女人拥有独立自主的权利，至于理财观念，当然也要脱离传统的观念。

想要理财，若没有资本，一切皆属空谈。不论是月光族的你，等待男人发薪日的家庭主妇，或是在职场上冲锋陷阵的上班女郎，改变消费习惯是首要关键，将不必要的支出挪为理财资本，同时具有三种观念，后续才有无限想象空间。

你不理财，财不理你。理财不只是空谈口号，要身体力行，更要持之以恒。强迫储蓄，定期投资。“零存整取”、“定期定额”都是强迫储蓄与投资的最佳手段，让部分薪资自动向投资账户投诚，眼不见为净，多年后成效绝对令人满意。

让消费物超所值。美丽的女人投资外貌，聪明的女人投资内在。充实自我理财观念、开阔视野，将消费用在刀口上。“利用知识生财”，是新时代女人最聪明的理财方式。

新时代的精英女人，理财与消费能力不容忽视，开名车、居华厦的女人不在少数，更有不少人是投资市场的常胜将军，她们分析判断的能力令人赞叹。

女人理财可分为三大阶段，依照不同年龄、阶段需求做适度调整，让自己成为财务主宰：

进入职场才几个年头的你，除了累积职场经验与社会认同外，更重要的是趁未有家累前，累积投资理财的本钱，否则两手空空，连眼前生活都成问题，谈何投资理财？

待手边有了一笔闲钱，便可以开始进行投资。由于年轻人有承担高风险的本钱，适度投资高风险、高收益的产品，能快速累积金钱。

在成就与财富逐渐累积至一定水平后，接下来可就要精打细算了，不仅要让现在的日子过得更好，也要让老年生活更有保障与尊严。这个阶段女人最大的开销多以置产、购车为主，已婚女人更要准备子女的教育基金，以免日后被庞大的教育费用压得喘不过气。

此外，不断为家庭贡献的你，也别忘了要好好爱惜自己，加强保险功能，并依照自己的需求分配保单比重，为现在及老年生活打底。

女人要不甘于贫穷，为了幸福的人生，女人应该积极参与家庭的各项财务计划，而不要以为结婚后有了靠山，就疏忽了个人最重要的理财规划。

“理财”的本质，在于善用手中一切可运用的资金，照顾人生各阶段的需求。最优质的理财手法，就是在生前能花完每一分钱。要达到这样的境界，也许太过严苛，只要能活用手边的资金、正确投资并平均分摊风险，就是好的理财观念。

女人的独立自主要先从经济权独立做起。单身的女人财务问题固然要自己打点，已婚的女人，家庭经济权如果不是自己负责，就算是想省事不插手，也绝不能糊涂。

有了经济独立权，才有充裕的发言以及成长空间，才能在家庭说了算，也才能把生活纳入自己的轨道。实际上现代女人对于财务及投资的参与率已经有所成长，以往，很多人以为“投资”是男人的工作，或者以为男人接触的讯息较多，判断力好，很直觉地就把理财的工作交给男人做决定。但是随着时代变迁，女人受教育程度及比例的提高以及女人就业机会的增加，女人已完全具备了做好现代家庭投资理财所需要的全部条件，而女人细心、思考周密的特质，则也很适合担任投资理财的操盘者。

风险保障是必须考虑的，适当的保险是必要的，但是要将资源用在最有效的地方。为了要保障家里的财务安全流量，在银行定存的金额要保持约等于每个月固定支出的6倍，以备不时之需。

女人经济自主性高，日子自然快活满足，不同年龄的女人所需要的理财重点不同，原则上未婚、30岁以下的女人，可以积极的工具为主，目标是快速地累积资产，绩优股票或区域型的股票基金比重可以较高，占资产比重可以达到6成以上。对于年龄在30～45岁的女人，已婚、有小孩的妇女，经济自主和妥善的理财规划尤其重要，则要考虑以家庭为单位作规划，不能像未婚时那样随心所欲，稳健投资为第一原则，但又不能过于保守以免资金累积赶不及子女的成长速度，在对于投资规划时，必须同时兼顾自己的退休金准备和子女教育金储备，是双重的压力，定存（或债券基金）和股票基金则可交互运用，股票基金或外币资产比重可以在4～6成左右。

实际上，影响一个女人理财观最重要的里程碑是在有了小孩以后。相信多数的父母都同意，当有了宝宝之后，什么事都变得不一样了，作家鲁迅说“横眉冷对千夫指，俯首甘作孺子牛”，正可以道尽天下父母的心境。有了小孩，就有了责任，凡事思考应更成熟，因为不会再只以自己为中心，整体来说，不论在工作上或财务上的安排都应该倾向于保守。

至于方法，则是以定期定额的方式作为小孩的教育金和自己的退休金准备，也可以在股票、基金、期货、外汇上做些投资。基金确实是最省力且有效的方式，因此专家建议5年以上的理财目标可以采取这种方法，因为长期地积沙成塔可以达到平均成本的效益，风险也被分散了。

第7章　上得厅堂下得厨房，做时尚又持家的新女性

靠美丽不如靠能力

现在的80后女孩经济独立，她们对生活品质和情感质量有着更高的追求。

青春和姿色对女人来说确实是两件法宝，给女人的生活和事业带来了许多方便，但它们是短暂的，终有消逝的时候。女人要想获得成功和尊严，还是要靠自己的能力。

聪明的美女懂得将美丽转化为资本，在市场中升值，美女加智慧是真正的强强组合。拥有独立能力的美女们好比黑夜里的郁金香，默默地散发着属于自己的一缕芬芳。她们通常是男人们赏心悦目和被男人们所欣赏的那类女人。在所有的男人心目中，都渴望自己的女友或妻子能成为与自己同进退、心有灵犀的红颜知己。

精神上的独立对于女人来说是最重要的。女人的精神世界是在无比神秘和无比丰富的内心里，女人精神方面的独立是对自己的确认，当女人的精神世界被别人支配时，这个女人就十分悲哀。

千万不要担心因为你精神上的独立而遭到男友或者丈夫的鄙视，你要记住：独立的女人是男人的良师益友，亦是男人心头一颗永远的

朱砂痣。他们反而会因为你的独立、不卑不亢、没有轻佻的奴颜媚骨而越发地欣赏你的与众不同，越发地珍惜你。

女人只要学会了在精神上的独立，完全按自己的感觉来操纵自己，学会遇事冷静，临危不乱，就能拥有独立、聪明的头脑与能力。

当然，在这个物质世界丰富的社会，物质上的独立能力也是不容忽视的。作为一位美女，只是靠姿色或者青春换钱花的话，那么她必定是可悲与不齿的！

任何一个美女也不愿意接受向男朋友或者丈夫要钱的时候，他们脸上所流露出的一丝一毫的不屑！所以，拥有独立能力的美女们都会拥有自己的收入，哪怕是仅够自己消费，那也是值得自豪的事情。

放下美貌与身段，投入到一份得心应手与热爱的职业上去，你不但能够收获物质上的独立效果，还能收获众多的人生乐趣，让你享受创造价值的愉悦以及感触社会的进步。当然物质上的独立个性还不止这些，对于一位要强的美女来说，积极进取才是物质独立与自身价值最完美的结合。

你的美丽人生将从你独立能力的提高开始，逐渐地让自己离开靠青春、靠脸蛋被动生活的局面，逐渐地让自己拥有更深刻的内在魅力与能力，让你的价值在青春美丽的基础上无限倍增。

让工作成为你生活的快乐之源

许多80后的女孩都明白工作对于生活、对于幸福的意义。她们能深刻地领悟到工作不但是维持生活，更是爱情和幸福最基本的保障。

为什么女人即便不缺钱也应去工作呢？因为工作是女人的一种生

活方式，除了可以拿一份薪水，满足自己的成就感之外，还能在男人面前保留更多的自尊，更重要的意义就是还能交到一些可以一块逛街、闲聊八卦的“闺密”，而对于一向爱美的女人来说，称心的工作也能保养女人，它较之以为多吃水果、多做保养、多喝水、多做健美操来保养的女人们有过之无不及，这些绝对是最有诱惑力的工作理由。

为什么有的人在工作中兴趣全无，感觉既乏味又困难、让她们备受工作之苦呢？当然这与心态有很大关系，她们首先对现在所从事的工作或职业感到不满，因为她们不喜欢现在所从事工作的类别或者强度，另外也可能她们就根本是被迫工作的，当然也不能排除那些为工作操劳过度，认真而找不到方法的。

当然对于被迫工作的那些人我们为之惋惜，同时也不得不让她们认真领悟前面提到的工作的必要性，只有这样，她们才能将工作变为一件愉快的事情，从而解除心中不满、轻松起来。

而对于那些不喜欢所从事工作的类别或者强度的人们，我们也只能报以同情，因为对于工作而言，它本身就是互选的。如果你有能力去选择你所喜欢的工作，那么恭喜你，你肯定不会出现不愉快的工作情绪。而那些现在仍然对工作报有意见的美女们，首先应该接受现实，改变自己，让自己能够尽快地融入到工作之中去，找到正确的方法和心态，相信，你迟早会认为工作是一件再简单不过的事情的。

对于那些操劳过度的美女们，我们只能是欣慰，你的卖力无疑能够证明你的能力。然而工作还是要适度，作为一个女人别太努力过头了，在工作的同时也应该给自己、给家庭一个很好的交代。不能太偏重于事业，否则工作方面的苦恼也会常伴随你的。

乐趣不是你费尽心力“找”来的，而是体会出来的。心理学家提

醒我们，快乐的动力来自心底，而非建立于外在的收获上。

那些懂得“找”乐趣的人会汲汲地追求目标，一心一意地想往快乐的道路大步迈进，而正是在这种快乐的状态下，工作自然而然地就会简单起来，你也会真正领悟工作中的愉快了。

千万不能因为你年轻貌美而忽略了工作本身的事情，没有业绩而无所事事的美女员工，即便是最仁慈的男老板也不会对你格外开恩的，当然除了他有“非分之想”除外。所以美女们应该自重，认真地对待自己的工作，将业绩与成绩拿出来，别人才能刮目相看。

对于那些已婚的女人来说，搞清楚家庭与工作的关系最重要，她们应该时刻谨记：“永远不要把家事带到工作岗位上，永远不要把工作拿回家里去完成。”只有在工作中认真对待工作，在家庭上全心全意照顾家庭，才是一个最佳处理问题的办法，只有这样工作才会有效率，家庭才能和睦。

有智慧的女人最美丽

女人是一种美丽的动物，上帝创造了她们就是为了弥补这个世界的不足，弥补男人的粗犷和理智。然而事实上，社会上确实存在着这样一类做事会思考的女人——她们智商通常比较高，她们拒绝盲目，做每一件都要从头到尾理出一个头绪来。她们不仅会考虑自己，还会考虑别人，面面俱到，她们给这个世界上的女人们争足了失去的面子。

作为女人来说，你可以不写诗、不绘画、不学习、不看电视，但你不能不看书、不思考。看书、思考可以使女人在一无所有的时候还有精神，可以在你生活乏味、缺少期望的时候充满激情。

其实女人都是感性的动物，她们思考问题很少用逻辑判断，通常都凭感觉，然而你千万不要怀疑女人的感觉，她甚至比男人的证据判断更准确，这就是女人的思考特点。

从爱情方面说，会思考的女人都会想让自己富有起来或者嫁给一个将来会有钱的男人。很多成功男人的老婆其实都不算漂亮，但是她们的智慧弥补了她们的不足，成为男人的贤内助，让她的美丽不会因为年龄的流逝而消失，反而会升值。让男人不会因为容颜的衰老而冷落了她，因为她的智慧已经为她赢得了终身的爱情。

有智慧的女人是一个成熟的女人，对待任何事物都能很理智。聪明的女人会让自己学会思考，她会让自己受伤的爱情开始之前微笑着转身离去。聪明的女人善于思考，不会让自己爱上错误的男人。而感性的女人却不会思考，任凭自己陷入错误的爱情，承受那本不该有的痛苦，但这是必需的过程，伤过心、流过泪之后，她们就会慢慢学会思考，懂得理智地面对问题了。

那些心智不成熟的女人也不懂得思考的重要性，她们的思想仍停留在纯真的孩童阶段，但是你不能说她们就是不幸福的，有时候，傻女人更容易满足，更容易得到幸福。她们没有太多的负担去做事，完全随着自己的性子，勇于去冒险，她们可能受伤，也可能得到别人永远不可能得到的，无论什么样的结局对她们而言都是宝贵的经历。只有受过伤，她们才会变得坚强，才会学会思考，才会成熟和长大。

会思考的女人通常都是有过经历的女人，她们的眉宇间总会带着些许淡淡的忧虑，不要认为她们没有疯狂过，那不过是暴风雨后的平静；会思考的女人，内心总有一种不安分的因子，这种因子让男人既爱又怕，但却因此更欣赏她们。

思考，能为女人赢得机会；思考，能为女人赢得幸福；思考，更能为女人赢得成功。思考的女人永远不会陷入被动的泥潭中，她们无论对人还是对事，都会经过自己的分析，你的游说丝毫影响不了她们的决定，因此她们是快乐的。

聪明本来就是用来装傻的——思考该思考的，切莫庸人自扰。女人们不能大事小情都要慎重地思考，那样便会陷入思考的深渊而变得很辛苦。其实有时候人尤其是女人，糊涂一点也未尝不是一件坏事，只要心里明白就可以了，有些事不必要太较真。

有的80后的美女们大多数追求的是一种生活上的愉悦。她们的开销一般会很大，几乎是“月光族”最典型的代表，当然，她们的追求直接决定了她们的付出——会为了满足这一追求的开支，这些未婚美女们大都不惜加班加点，到处去兼职。当然，她们的这一愿望或者追求会逐一满足，不过她们所付出的代价也是昂贵的。然而，这些美女们却不在乎这些，最重要的是她们找到了快乐。

一部分的80后未婚美女们追求的是婚姻。她们一旦确定了这一目标，她们便会很注意寻找自己的“白马王子”或者“钻石王老五”，她们很注意对自己的投资，她们不惜花费昂贵的价钱去买一件名牌吊带儿，更不惜以吃上半个月方便面的代价去请热恋之中的男朋友去吃上一顿法国大餐。

也有一些80后的未婚美女看重事业与职位，她们会将大部分的时间和精力放到工作或者培训学习上，目的就是获得高职位与高薪水，从而成为女强人。这类女人一般都是很要强的，她们大多数感受的是一种追求过程中的乐趣，而在生活享受方面这些美女们却差了很多，尤其是男女关系方面，这与她们的追求有很大关系。

相对于80后未婚的美女们来说，已婚女人现实了许多。她们大都排除了前两种未婚女人的追求可能，她们只介于第三种未婚美女对事业的追求以及她们特有的对家庭未来幸福的向往，因此她们在家庭与事业之间多倾向于家庭。因此她们做出的牺牲也多些。

拥有这种选择的已婚女人，常常会为了家庭而暂时放弃事业，当然这是女人的必经阶段——生育后代。不过她们也会在家庭生活中付出很多，而收获也是颇丰的，其中最重要的就是丈夫的疼爱、家庭的和睦。

不同的选择能够产生不同的结果，主要看你选择什么了。作为80后的女孩你又有怎样的想法呢？你能清楚地知道自己现在想要的是什么吗？如果清楚，那么恭喜你，你最终会得到想要的收获；如果你还在浑浑噩噩地混日子，那么你将只能得到岁月流逝的痕迹。

选择男友就是选择未来

80后的女孩都向往着找到一位满意的男人为伴，能够让自己从此过上幸福、无忧的生活。提到了这点，相信很多美女们在选择男人的问题上都存在一个误区，那就是没有钱的男人不选，选择那些至少应该是有车、有房的才算对得起自己，才算没有贻误终身。

这绝对是个很大的误区，不妨认真思考一下，那些有车、有房、工作又好的男人们，风光无限，想要嫁给他们的美女没有一个排，也有一个班，你本身若是没有一些出众之处，相信很难得到那些男人的青睐。

当然，那些男人在择偶以及对待未来妻子的态度上也会存在许多的问题，他们拥有的自身条件相当好，故而相对来说，如果你并没有什么门当户对的家世以及出众的能力，仅仅想依靠美貌一点来令他们死心塌地是不够的，这样的婚姻即便存在，幸福的可能性也不被大多数人所看好，相信一些嫁给过“钻石王老五”的已婚女士会深有

同感。

如何才能挖掘出这样有前途的男人呢？选男人要选未来，不是选现在。现在有钱没钱没关系，我选择的是他的将来，是他与我结婚以后他能拥有的潜力。男人的能力是其将来发展情况最好的预测，拥有较强能力的男人，往往是将来能够有升值潜力或者有大发展的男人。

一个优秀的男人最重要的应该是坚强。那些失败了就怨天尤人、萎靡不振、整日买醉、破罐子破摔还要靠你养活的男人坚决不能要。男人要能给女人安全感，如果你找一个丈夫，不能够照顾你，还要经常在你面前哭诉自己的不幸，让你也承担他实际上可以挽救的痛苦，是非常失败的。

婚姻和爱情不同，是要建立在有面包的基础上。你的他不一定要有万贯家财，但是至少要有一份稳定的收入，基本的生活要有保障。所谓贫贱夫妻百事哀，如果一个男人连孩子的奶粉钱都拿不出来，这个月初就开始担心下个月的供房款，那么，你跟着他吃苦不算，甚至连一点安全感都没有。

优秀的男人不一定要活跃得见人就搭讪、见手就握的地步，也不需要他在社交方面有多么强硬的手腕，但一起出去应酬时，若像离群的动物一样一言不发，找不到任何话题与你的同事交谈，也融入不到任何群体中，凡事都需要你出来撑场面的男人，会让你脸面无光。

当然，除了看一个男人是不是优秀，还要看他是不是真心对你，当然这要靠你自己慢慢去体验。

巧手营造温馨舒适的居家环境

女人最重要的家务之一，就是为自己的丈夫和孩子营造一个舒适的居家环境，一个温馨、舒适的让人留恋的家。

合理的居室布置要实用与美感相结合。在居室的布置上，实用功能始终是主要的，家具的选择与配置，色彩的搭配，都要符合主人使用的要求，使人在居室空间生活感到舒适方便。在实用的基础上适当满足主人的审美情趣，居室布置要能体现出一种意境之美，显示出主人独特的品位。如果居室缺乏应有的艺术点缀，就会使人感到呆板生硬。

合理的居室布置要环境与联想相统一。居室布置是对室内环境的再创造，从这个角度来讲，布置就不仅仅只是一种简单的装饰了，它能够引起人们的心理联想，创造出更高的意境和气氛，如大海的画面，可以使人感到心胸开阔；松竹的装饰，使人联想到品格高雅；以浅色为主调的装饰，则使居室显得淡雅。通过居室布置，给人以生活情趣的联想，使无生命的东西变成有生命的感觉，就能使居室呈现出一种特有的气氛来，使人感到惬意。

合理的居室布置要个性与潮流相统一。女性在布置居室时，自然会体现出自己独特的个性、喜好和文化层次。如果只是简单的布置，与办公楼里的工作环境区别不大，就会使人增加单调感和庸俗感，不利于人调节精神、消除疲劳。所以，追求简约时应适当地考虑情趣性。在布置居室时还不应忽视时代的潮流，如适当地增添一些反映现代化气息的家具，增加居室的舒适感。

卧室是最能体现女人温情的地方。幽谧温馨的灯光，柔滑宽松的睡衣，玫瑰色的床单，软绵绵的床垫，波浪式翻动的拖地窗帘，淡黄色木质装修的地板，通透玲珑的天顶设计以及空气清新调节器，每一处都透着时尚的气息，却又能让人获得心灵的享受。

然后是客厅。为了迎接客人的到来，也为了让客人满意而归，在客厅里设个酒柜，是女人最聪明的选择。另外再放一些咖啡器皿、咖啡、茶和一些糖果、罐装啤酒、红酒、葡萄酒等。一应俱全的准备，让女主人享有“鱼和熊掌兼得”的赞美之外，也会让客人依依不舍、流连忘返。

对现代家庭来说，书房几乎是必不可少的了，无论丈夫还是妻子都会用到它。写字台、书架、书柜及座椅或沙发是书房里的主要家具。对于书架的放置并没有一定的准则。非固定式的书架只要是拿书方便的位置都可以放置；人墙式或吊柜式书架，对于空间的利用较好，也可以和音响装置、唱片架等组合运用；半身的书架，靠墙放置时，空出的上半部分墙壁可以配合壁画等饰品；落地式的大书架摆满书后的隔音性，并不亚于一般砖墙，摆放一些大型的工具书，看起来比较壮观。书桌一般都是选择有整面墙的空间放置，不过也有窗户小或空间特殊的书房，书桌可沿窗或背窗设立，也可与组合书架成垂直式布置。

书房主要用来看书，所以对于亮度要求比较高。书房布置时应注意采光问题，使光线能够照到写字台桌面上。光线应足够，并且尽量均匀。书桌的摆放一般宜选择靠窗的位置，这样白天可运用自然光写作，遇有太阳光直射也能以遮光帘或白纱帘调节光源，避免眼睛受到刺激。舒适而又合理布局的书房能够使人的心灵摆脱白天工作的烦躁，心绪归于平静。

一般来说，厨房是女人最显能力的空间，曾有句名言说，“看厨房，才知道主人的生活品位”。如今时代发展迅猛，微波炉、咖啡壶、榨汁机等快捷实用的厨房用具是常备用具，也真正体现了女人的细微之处。在厨房和餐厅的布置中，要注意在“小处着眼”。在餐厅和厨房中，有不少各式各样的小装饰物以及各种刀具、餐具等用品。如果利用好这些东西，房间的装饰效果就可“事半功倍”。

女人在布置家居环境时，其实是在经营一份爱，一份对家庭、对生活、对爱人的爱，因此聪明的女人绝对会不断更新家居布置，让家变得更美丽安适。

给他人留下美好的第一印象

要给别人留下好的第一印象，你只需要 5 秒钟，这对于女性来说尤为重要。如何在 5 秒钟内将自己成功地推销出去呢？音容、外貌、言谈举止一个都不能少。

每个女人都很在意自己给别人留下的第一印象如何，这与你的性格特质有很大的关系。然而这并不是全部，成功的外包装和一些细节都能透露你的内心。该从哪方面充分显示你的优势呢？下面就教你几个要点。

第一印象的形成有一半以上内容与外表有关，但不是只要一张漂亮的脸蛋就够了，还包括体态、气质、神情和衣着的细微差异。

第一印象也与声音有关，其中，语言的恰到好处能给人留下最佳的第一印象。如赞美对方“您今天穿的这件衣服，比前天穿的那件衣服好看多了”，或是“去年您拍的那张照片，看上去您多年轻呀!”都是用“词”不当的典型例子。前者有可能被理解为指责对方“前天穿的那件衣服”太差劲，不会穿衣服；后者则有可能被理解为是在向对方暗示：您老得真快！你现在看上去可一点儿也不年轻了。你说，讲这种废话是不是还不如免开尊口呢？

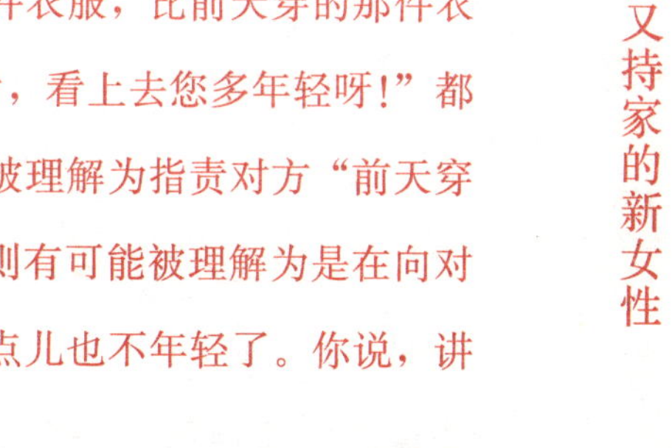

男士喜欢别人称道他幽默风趣，很有风度。女士渴望别人注意自己年轻、漂亮。老年人乐于别人欣赏自己知识丰富，身体保养好。孩

子们爱别人表扬自己聪明、懂事。适当地道出他人内心之中渴望获得的赞赏，适得其所，善莫大焉。这种“理解”，最受欢迎。

如当着一对先生、夫人的面，突然对后者来上一句“您很有教养”，会让人摸不清头脑；可要是明明知道这位先生的领带是其夫人“钦定”的，再夸上一句：“先生，您这条领带真棒！”那就会产生截然不同的“收益”。

当然，温文尔雅的礼仪，也是女性必不可少的门面功夫。握手同样能传递重要信息。研究发现，那些握手时目光和你直接接触、手掌干燥、坚定有力、自然摆动而不是无力、潮湿、试探性的人，不仅能让你对他感觉良好，还将取得你的信任。

换个角度来看女人经营家庭

现在社会都在讲男女平等，男人能干的事情女人也能干，女人能干的事情男人也可干。女人也有工作也很辛苦，所以新女性相当多的就放弃了做饭，觉得做饭又辛苦又累，有时还不讨好。但我们若换个角度看，做饭其实对女人是至关重要的，是女人常用的一件法宝。

做饭是女人争取家庭地位最有力的保障。现在提倡男女平等，但真要做到平等却不像一句口号这么简单，女人在家做饭是在用实际行动告诉丈夫：“你在外面奔波很苦，我在家里操持也累啊！”

做饭是女人兑现爱情承诺最直接的表现。通常一对男女在山盟海誓时，男人都会对女人说：“我会努力让你幸福！”而女人通常会对男人说：“我会照顾你一辈子！”于是男人便开始忙碌起来，因为要让一个女人真正幸福起来可是需要很多钱的哟！但是女人该怎么办呢，最直接、最现实的，就是为男人做一顿可口的饭菜。如果一个女人连饭都不会做，又该如何准备照顾男人一辈子呢？这岂不是女人为爱情开了一张空头支票吗？所以，女人一定要学会做饭。

做饭是女人作为母亲最神圣的职责。一个女人当上了母亲后，通常会有极大的改变，最大的改变莫过于有了为孩子甘于牺牲一切的精神。家人的健康通常会成为母亲的头等大事。所以，为了让孩子拥有健壮的体格，做妈妈的往往是亲历亲为，遍寻食谱、营养谱。但如果一个不会做饭的女人成了母亲，直到孩子长大成人，从来没有吃过妈妈做过的一顿饭菜，这是一种怎样才能形容的悲哀啊！

做饭是女人抵抗第三者最有力的武器。会做饭，而且能做出一桌可口饭菜的女人，通常都不是一个一般的女人，她可能会非常性感，对男人的驾驭能力往往也很强；她可能是一个看起来弱不禁风的女子，但如果她不幸遭遇了第三者的激烈挑战，那么她的柔情与智慧，往往会同那桌可口的饭菜一起，为她的家庭筑起一道密不透风的防护墙，捍卫她的领地……

做饭是女人美丽工程最为基础的工作。做饭是可以美容的，一个饭都不会做的女人，营养一定不好。如果是一个营养不好的女人，估计脸上即使抹上胭脂也得掉下来。这是外在美，内在美也一样，做饭体现了一个女人的内在素质和干练，甚至从另外一个角度说：“不会做饭的女人不是一个完整的女人！”现在的女人，尤其是一些年轻女孩，生怕进了厨房会被油烟熏成黄脸婆。这是一个完全错误的观点。要想成为男人心目中永远漂亮的女人，就应该做一个会做饭的女人。

女人最好、最早的老师就是她的母亲。下厨可以表现出女性的体贴、头脑、机智等，甚至可看出她成长的家庭。无论是哪个女人，在学习做菜之初都不会是进正规的烹饪学校学的，最初都是看母亲做菜，看着看着就学起来了。所以，会做菜的女人，非常注意与母亲的

交流学习，经常回忆母亲的言传技巧。

一家杂志上的烹饪栏曾经对一位姓高的太太特别推崇。高太太并非以研究烹饪为业，她也是出生于普通的工薪阶层家庭。因此，杂志上所教授的烹调方法，非常实用，也非常富有创意，特别适合下班回家的人，是任何人都可以现学现做的餐点。

高太太说自己是从孩提时期就看着母亲做菜一边记一边学的。她的父亲有许多朋友和徒弟，而她的家从很早开始就是一个聚会的场所，甚至连陌生人都常常光顾，络绎不绝。而高太太的母亲身为女主人，对大批的访客招呼得真是细致周到。当来客很多，母亲一人忙不过来时，女儿自然是不能袖手旁观的，在帮忙削马铃薯皮、洗菜等，不知不觉在问的过程中也变成熟手了。

长大之后，来到大城市，见识多了，做菜的层面就更广了。嫁人后，比较空闲，看一些杂志食谱，根据丈夫的口味有意识地注意一些做法。如果丈夫突然带客人回来，她也不会手足无措。在做菜前，她首先会打开冰箱，确定一下有什么东西，她绝不会因为没有多少菜料而发愁，而是想着只有这些菜，能不能做出什么好吃的东西来。如果菜量不足，她宁可不做整套的餐食，而只利用那有限的菜料尽量做一些好吃的菜肴出来。做菜是相当费事的，所以针对几个常来客人的嗜好她都做了备忘录。有不喜欢吃葱的客人时，在放葱之前，她就把一份从锅里盛出来。做备忘录的习惯，也是从母亲那儿学来的。实际上，她所介绍的菜肴，都没有一个像样的名字。但在巧思中也别有一番风味。

可见，拥有像高太太一样女人的丈夫可算是天下最幸福的人，能安心地将部属带到家里，在公司同事及朋友间也得到相当高的评价。当然这种太太也会经常得到丈夫的夸奖。

那种灵巧的妻子就会不需太费事就能拿出可口小菜，所以来客也不至于神经紧张。因此，做女人就应该向高太太学习，不断地努力，经常给自己的男人换口味，一定能成为男人眼中的好妻子。

聪明的女人要学会抓住男人的胃

都说男人心目中理想的女人是“上得厅堂下得厨房”，这个要求受到很多现代女人的抵制，她们坚决拒绝沦落为“煮饭婆”，反感炝人的油烟味，怨恨油腻的灶台……但是，聪明的现代女人更明白，厨房是家庭幸福必不可少的源泉之一，因为良好的膳食不但可以强身健体，而且也是表达爱意的最好方式。

要知道，男人和女人真正的幸福生活是从厨房开始的。据说在古代，所有刚嫁到夫家的女子在第二天早晨起床后，必定要取下身上那些环佩叮当，亲自到厨房里为夫君烧一碗汤，表示他们已经从爱情的绚丽转为生活的平静了，也就是诗中所说的：“三日入厨下，洗手作羹汤。”

同时，莎士比亚也说过，“要留住男人的心，得抓住男人的胃”。女人容易在茫茫人海之中将男人“俘虏”到手，怎么能不好好地守住这片江山？饭菜的香味会让家的味道更温馨，在民以食为天的前提下，聪明女人应该有一点儿小手艺，宠爱自己也留住了他的心。

当然，男人有时候也愿意去外面吃各式各样的美食，外面的美食五花八门，可是谁都不愿意天天都在外边解决，既浪费又不是很卫生。因为不是吃到自己嘴里的东西，人家一定不会比你自己弄得用心。再说经常在外面大吃大喝，久而久之油腻多了一些，健康少了一些，自然就会很怀念家中的清粥小菜。

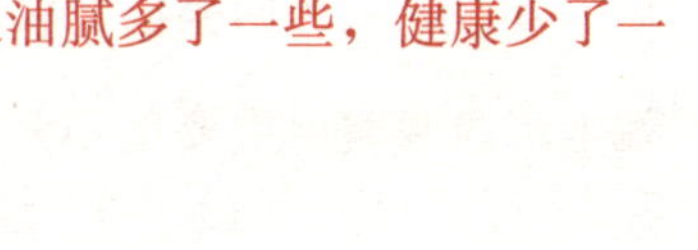

找个时间在某个早晨为自己心爱的人煮一次枸杞粥，煎一个漂亮的荷包蛋，烙张葱花饼，简简单单却又无限温存。也许对男人而言，这是意外的嘉奖，让他惊喜之余更加迷恋家人。

女人重视厨房，并不等于说从此她就得天天有义务围着厨房转，而是要注意在繁忙的工作之余，收拾一份好心情，为自己为家人营造一种温情。

其实，聪明的女人都很清楚，男人们并不是想要一个手艺精湛的女厨师，而是想要一个能给他带来家的感觉的烟火女人。

虽然现在的房子越来越大，房间的功能越来越细分，但最能体现出家的意味的永远都是厨房。特别是对于一个男人来说，当他在外面辛苦了一天，推开那扇熟悉的家门，一个冷锅冷灶和一个饭菜飘香的厨房，给他的感觉绝对是不一样的，只有厨房里飘出来的烟火气息才会给人带来实实在在的家的感觉。

一个喜欢厨房的女人，自然是一个喜欢家的女人，同时也能给人带来家的感觉，这和什么大男子主义、女权主义都没有关系，只是女人的本性使然。

年轻的时候，每个人都可以四处流浪，但终有一天会厌倦漂泊，渴望能有一个温暖的家供自己憩息。聪明的女人并不仅仅是成为男人的工作助手，而是要成为他的贴心伴侣，给他一份安心，一份眷恋；如果他累了，可以回到家里来休整；如果他受伤了，可以回到女人身边来治疗；如果他成功了，马上会回家与家人分享。而一个连厨房都不想进去的女人，很少能给男人这种感觉。尽管她可以打扮得光鲜靓丽，尽管家里有钱到足以天天上饭馆，但这些都不是真正的幸福。聪明的女人，下班回家换上家居服，系着围裙在厨房里忙活一通，然后端上三盘两碗，重要的不是味道，而是那种温馨的感觉。饭店再好，也无法营造出这种家的感觉。

一个完整的家庭，不能没有女人，而每一个家都会有一个厨房，即便是最简单、最简陋的家，也必定会有一个小小的灶台或是电饭煲。

厨房是女人的另一个舞台，不管她爱或是不爱，那里都有着她无法摆脱的人生使命。真正懂得爱、懂得生活的女人，会在工作之后走进厨房，她的心里不会觉得有太多委屈，为心爱的家人做一道菜，除了油盐之外，里面放得最多的调料是爱。诱人的饭菜香味，浓浓的幸福滋味，会让女人制造出家的温馨！

可以说，聪明的女人会让一天的幸福生活从厨房开始。聪明的女人，一年四季都会变换不同的花样，科学合理地搭配食材，注重营养与口味的结合。在厨房里创造出来的不仅是美味的食物，还有无限的富足和幸福感，让心爱的人每天都生活在独一无二的幸福感觉中。

聪明的女人事业家庭两不误

聪明的女性往往能够把握好家庭与工作的平衡，既不会让自己失去工作，又会将家庭放到人生的第一位，让整个家庭充满醉人的温馨。

男人喜欢“上得了厅堂，下得了厨房”的女人，如果有这样一个能干又漂亮的老婆，男人总爱往家里领朋友，创造炫耀的机会。别人的赞美给予他们心理上的满足，家庭的温暖又带来实实在在的幸福，可以说是既有面子又有里子。

提到女人的保养，很多人就会想到多喝水、多补充维生素、上美容院、幸福家庭的呵护……聪明的女人则会让工作也成为“保养秘

方”，既保养自己的身心健康，又能保养幸福的家庭。过去老人常说：“嫁汉嫁汉，穿衣吃饭。”这话现在看来已经不时髦了，在男女平等的浪潮里，现代女人接受和男人一样的教育，靠自己就可以实现经济独立，不需要靠男人养才能活。

而且现代社会里生活压力加大，一个家庭光靠男人支撑还不太现实，女人出去工作可以分担一部分经济上的压力。即便男人可以负担起家庭，聪明女人也不会放弃自己的事业，要想人格独立，首先就要在经济上独立，不需要依附任何人都能够生存。没有人是你永远的依靠，女人有一个属于自己的事业，可以保证在失去依靠后还能够独立地生活下去。

女人可以不需要赚很多钱，但是一定不能失去赚钱的能力，不能选择寄生虫的生活。聪明的女人不会让别人“饲养”，她不会让自己落到等着被吃的境地里。

工作会让女人心情愉快。女人对工作的态度与男人不同，她们更看重环境和关系，她的生活中固然需要家人、丈夫或是朋友，但是工作上的同事也是必不可少的。在家庭之外，有人与自己一起为了达到某个目标而喜悦或是焦虑，这种团队气氛是在家庭中体会不到的。

女人大多是“群居动物”，她们害怕孤单，喜欢有人倾听、理解自己，也喜欢付出关怀和母爱，良好的工作环境正好能够满足女人对于“小群体”的情感需求。

工作还让女人生活充实。聪明女人把工作当做一种生活寄托，反而那些回归家庭的“全职太太”们，常因无所事事而感到空虚寂寞，闲在家里的时间长了，就会让自己和社会脱节，最后也会变得毫无魅力。很多女人工作的时候整天忙忙碌碌，经常要出席重要场合，比较注意自己的形象，结婚后天天在家待着，整天睡衣睡裤，老公回来看到的就是一成不变的人。而且在家里不思考、不学习、不体验新鲜事物，和朋友联络都少了，完全把自己封闭着，最后会失去与人交流的能力，影响家庭生活。

而一份称心如意的工作，却能够平衡事业与家庭的关系，因为称心的工作本身就能够协调女人的情绪，保持女人的身心健康，从而促进家庭的和谐幸福。

女人有一份工作可忙，既可填补生活的空白，又能在工作中不断充实自己，提高自己。工作让女人感受到自己的价值，而且能跟上时代的潮流，更具有知性魅力，因为外面的环境与事物会让聪明的女人更聪明！

人活着就需要劳动，有一份事业让女人操心，能够让生活更充实一些。天生我材必有用，女人的价值并不全部在家庭中，细心寻找，总能找到展现自己的舞台。走出一味的柴米油盐酱醋茶，让新鲜事物充实生活，因为游走在职场当中才能体会到工作的艰辛和压力，才能更理解事业中男人的烦恼，也许还能为他排忧解难，成为他的支柱，他也会更加爱你，离不开你！

一个聪明的女人，认认真真地对待工作，在工作中体现自身价值，但她也不会放弃另一项更重要的“事业”——家庭。和所从事的工作相比，家庭是更重要的战场，是女人一生最重要的长期投资项目。

可以说，工作是事业，家庭也是事业，而且对女人来说，家庭是一生中最重要的事业。只不过，同样作为一种事业，工作和家庭的难易程度是不一样的：工作是一种生活技能，通过培训和教育，每个人都能够掌握技巧，顺利完成工作要求，聪明的人甚至可以完成得很出色。而家庭需要一种生活智慧，需要用心血栽培，很多人都身处其

中，但是真正做得好的人却很少。

在工作中，需要智慧谋略，靠的是犀利的眼光和敏锐的判断，理智是成功的保证；在家庭中，也需要智慧谋略，靠的是爱心、耐心、温情、责任，情感是必胜的法宝；在工作中，做出一点儿成就很快就能看到成果，短期投资率高；而在家庭中，也许付出很多短期内却见不到任何收获，必须要等上很长一段时间，长期回报率绝对超值。

一个真正成功的人，不仅拥有工作上的成就，还应该拥有幸福的家庭生活。工作总会有退休的那一天，家庭却是一个人从出生到死亡都要生活在其中的环境。

工作做得好不好，关系着个人价值体现的大小、为社会贡献财富的多少、物质生活状况的高低，而家庭生活是否幸福，则关系到两个人的生活质量、孩子的未来，更贴近每个人的现实生活状态。

一个能把复杂的家庭生活经营得顺顺当当的人，在工作中也必定能够得心应手。如何获得幸福的生活，聪明的女人既不会放弃属于自己的工作，也不会忽视家庭这个一生的大事业。

在男人面前不妨做个“小女人”

“大女人”是精明能干的女强人，驰骋商场，呼风唤雨，在工作上出类拔萃，即使感情受到挫折，也以最自信的姿态展现在众人的面前；“小女人”能力有限，每天正点上下班，接孩子，给老公做饭，休息时间操持家务。

现在出现了越来越多的“大女人”——她们和男人一样在事业上打拼，独立、精明、大气而且能干，无论手段还是气势丝毫不输给男人。不仅位居高职，拿着不菲的薪水，而且颇受领导赏识。我们称这些女人为“女强人”。她们完全打破了传统的男主内女主外的传统观念，仿佛要和男人争那另半边天，尽管在事业上许多男人不得不佩服她们的机智和作风，但是很少有男人愿意找一个这样的女人做伴侣，他们无法忍受一个比自己还强的女人，那会让他们感觉不到自己被需要。

综合现在的社会情况，居家的女人毕竟还是少了。但是一个女人在单位可以是横眉冷目的主管，但是在家里是妻子、是母亲，没有必要用“将军命令士兵”般的口气和自己的丈夫说话。其实我们还是建议现代的女人有自己的事业，有自己的社交圈子，有自己的天空，但是如何让自己的地位转换得到平衡，是对男人的尊重，也是作为妻子应该尽到的责任。

当你下班在家里的时候，何必还要摆出高姿态让自己那么累呢？依偎在你丈夫的身边，做个小女人又有谁会笑话你呢？也让你的丈夫感受一下可以被依靠，可以保护你的大男人的心理，不是很好吗？

其实做个小女人是很幸福的事情，你可以有很多幻想，可以活得轻松浪漫，可以给自己的偷懒找出N多个理由，可以聪明地装糊涂，也可以体贴入微地照顾别人，感受一下关爱别人的快乐，也可以撒娇地让别人来照顾你。这个时候你是妻子，是你的爱人的宝贝，不是严厉的经理，也不再面对你的下属。

小女人对待朋友真诚而傻气，和从前的同事、朋友从不断了联系。没事就来个聚会和大家倾诉自己的心事，讨论未来和怀念以前的种种。小女人的真诚经常让朋友感动。

小女人处世的哲学并没什么值得借鉴之处，她只是站在别人的角度为别人着想，多考虑别人的难处，即使有时吃亏也不介意。在她的眼中，名利地位并不比朋友和爱人来得重要。

其实许多“大女人”也并不是真的就想做个“大女人”，每个女人骨子里都有“小女人”的情怀，只是她们的生活环境和方式以及现在的地位不允许她有丝毫的松懈，只能上紧发条不停地做。

作个“大女人”事实上是痛苦的，不要看她们看似风光的外表，女人的社会地位再高，也没办法赢得整片天空。而且女人天生心思细腻、敏感，即使作风强悍仍然不能改变柔弱的承受能力。

要知道，这个世界是由男人和女人组成的，上帝已经分配好了他们各司其职。那些体力劳动和辛苦的工作就交给男人去做吧！女人看守好你自己的这片后方净土，同时做一些你喜欢做的事情。如果因为生活的原因你不得不和男人一样辛苦，请自我调节，让自己不要那么强悍，也许你成功的机会更大。如果你已经成功了，就维护好你的爱情和家庭，别让自己太累，别让你的丈夫感觉到家里缺少了应有的“女人味”或者“母爱”，不要把家当成你的办公室，那样你一定会事业、爱情双丰收的！

自爱是对别人最高的尊重

在一个女人的一生当中，最基本的心理素质应该包括三个方面——“自信、自爱、自尊”。其中，自信是“我信赖我有能力拿到自己所需要的价值”。一个人拥有能力才会有足够的自信；自信的基础是能力，能力催生个人的自信；一个懂得爱护自己的人才会培养出足够的自尊，尊重自己存在的价值。

“自信、自爱、自尊”够让一个女人在成长的过程中得到自己想要的尊重与理解，以及达到完美的人生追求。

“自尊自爱”就是根据你的意愿将自己作为一个有价值的人而予

以接受。接受则意味着毫无抱怨。思想健全的人很少抱怨，而缺乏自我领先的人常常在抱怨、牢骚中求以生存。

向别人倾诉你不喜欢的地方，只能使你继续对自己不满意。因为别人对此是无能为力的。至多只能加以否认，可你又不会相信他们的话。要结束这一无益和讨厌的行为，只消问自己一个简单的问题："我为什么要讲这些?""他能帮我解决这个问题吗?"假如这样做的后果是：既没有解救自己，又影响了别人的情绪，那么抱怨显然是荒唐可笑的，与其浪费时间抱怨，还不如把本来用于抱怨的时间用来进行"自爱"活动中，比如默声自我赞扬，比如帮助别人实现愿望，等等。

抱怨和倾诉是不同的。当别人可以通过某种方式帮助你时，你向他们倾述自己的不快，可以获得解决问题的途径。但抱怨是对别人施行的一种人格压迫，你明知道这样做的后果，却依然要用牢骚折磨人的神经。这样的后果只能使别人对你越来越讨厌。

抱怨自己是一种无益的行为，这样做会妨碍你真正的生活，促使你产生自我怜悯的情绪，阻碍你努力给他人以爱并接受他人的爱。抱怨还使你难以改进你与他人的感情关系，不利于你扩大社会交往。尽管抱怨行为有时会引起别人的注意，但它的影响往往都是负面的，只会明显地给你的幸福罩上一层阴影。

如果你想不加抱怨地接受自己，就必须懂得"自爱"和"抱怨"是绝对排斥的。你想成为一个自尊自爱的人，那你就不要毫无理由地向那些无力帮助你的人发出"抱怨"。

世界上最难了解的不是别人，恰恰就是我们自己。我们内心有保护自己的倾向，总是为我们的所作所为找出现由，要让不合理的也看做合理。很多人根本就不想认识自己，他们喜欢谈论别人和别人的问题，却躲避他们自己，不愿意面对自己。而事实上，一个人成长过程

中最重要的一个阶段，就要不再试着躲避自己，而要认识真正的自我。

除了广义的自爱以外，狭义的自爱就是尊重自己的感情，认真对待性的问题。千万不能做一个对感情不负责任的“性”情中人，更不能为了金钱而出卖自己的肉体，这样不是自爱甚至是自卑的，不但得不到人们的同情，而且会受到人们无尽的奚落与鄙视！

当然，爱他人也是自爱的一种，只有关心和爱护他人，你才能得到别人的关心与爱戴。那么怎样才能使这样博大的爱出现呢？首先就是不要对别人有偏见。当发现自己的想法跟别人不一样时，一定要换一下位置思考。要增强自信心，增加良好的自我感觉。只要自己真诚、热情，就会增加自己的吸引力。所以对自己要有信心。同时要多参加各种群体活动，在群体中学习人际交往的知识。还要心胸宽广。遇事应该乐观一些，大度一些，不要对人和事情都过于敏感。朋友之间最重要的是宽容，不能斤斤计较，处处表现出比较在意别人的态度，如果时间过长，会让人产生与你交往不舒服的感受。有些时候不要太要面子，有些时候放低身姿，反倒会赢来别人的尊重和友谊。

将选择的主动权握在手中

现代女人的独立性决定了女人不能没有主见，没有主见就无法独立。我们要独立自主，而自主主要指的就是自我主见的能力。

有些女人，遇事经常无主见、犹豫不决。比如每买一件东西，简直要跑遍城中所有出售那种货物的店铺，要从这个柜台跑到那个柜台，从这个店铺跑到那个店铺，要把买的东西放在柜台上，反复审视、比较，但仍然不知道到底要买哪一件。她自己不能决定究竟哪一件货物才能中意。如果要买一顶帽子，就要把店铺中所有的帽子都试戴一遍，并且要把售货小姐问烦为止，结果还是像下山的猴子一样两手空空。

世间最可怜的，就是像这些挑选货物的女人这样遇事举棋不定、犹豫不决、遇事彷徨、不知所措、没有主见、不能抉择的人。这种主意不定、自信不坚的人，是很难具备独立性的。

有些女人甚至不敢决定任何事情，她们不能决定结果究竟是好是坏、是吉是凶。她们害怕，今天这样决定，或许明天就会发现因为这个决定的错误而后悔莫及。对于自己完全没有自信，尤其在比较重要的事件面前，她们更加不敢决断。有些人本领很强，人格很好，但是因为有些毛病，她们终究没有独立，只能作为别人的附属。

敢于决断的人，即使有错误也不害怕。她们在事业上的行进总要比那些不敢冒险的人敏捷得多。站在河的此岸犹豫不决的人，永远不会到达彼岸。

如果自己有优柔寡断的倾向，应该立刻奋起改掉这种习惯，因为它足以破坏自己许多机会。每一件事应当在今天决定，不要留待明天，应该常常练习着去下果断而坚毅的决定，事情无论大小，都不应该犹豫。

个性不坚定，对于一个人的品格是致命的打击。这种人不会是有毅力的人。这种弱点，可以破坏一个人的自信，可以破坏判断能力。做每一件事，都应该成竹在胸，这样就会做事果断，别人的批评意见及种种外界的侵袭就不会轻易改变自己的决定。

敏捷、坚毅、果断代表了处理事情的能力，如果自己一生没有这种能力，那一生将如一叶海中漂浮的孤舟，生命之舟将永远漂泊，永远不能靠岸，并且时时刻刻都在暴风猛浪的袭击中！

有主见，就是有自信。有自信，肯定有主见。只有这样，才能使自己不断独立自主，才能使自己不断自力更生。

现代女人要有主见，才不会迷失自己，如果任何事情都要男人做选择，没有自己的观点，只会让他离你更远。女人要有有头脑，有思想，有自己的人生规划，不要把你的权利交付给别人。

努力使自己成为贤妻良母

80后的女人最重要的角色是什么呢？答案是贤妻良母。不管你愿不愿意承认，但这就是事实。你就是家庭的轴心，称职地扮演好了你的角色，家庭生活就会越来越幸福。

从一个女孩到一个妻子，再从一个妻子到一个母亲的角色变化过程就只发生在这么短短的几年之间。姑娘就好像是花蕾，妻子就像是在开花，而作为母亲就好像是在结果实，这一个过程十分迅速，甚至迅速得让人很难适应。

而且，从女孩到妻子再到母亲这一过程就好像一段旅途，其间有时会让人感到疲乏。女人天生就具有女孩的性格，在自己生育孩子时又自然有了身为母亲应有的母性。但是，妻子这一角色则是以恋爱、结婚为基础而在后天形成的，所以妻子这一角色与女孩、母亲的角色不一样，它不是天生就有的，它是在后天条件成熟时才会拥有这一角色的。

年轻的妻子的主要任务便是抚育孩子，恐怕这一时期也是妻子一生中最繁忙的时期，有时甚至根本连自己也顾不上。现在男人的平均结婚年龄是27岁，女人为25岁，平均在一年半后生育第一个孩子。

孩子3岁左右正是育儿时期。在这段育儿期，应该要完成一大半对孩子的教育。在教养孩子时，丈夫的帮助是十分重要的。

现在的都市家庭，大都由夫妻二人和孩子组成，所以，在这些由年轻夫妇组成的家庭中，至少买过两本以上关于育儿的书籍。他们可以通过书本知识来教育孩子。但是，书本上的东西都是典型的例子，具有一般性，却不具有特殊性，有的知识并不一定完全适合自己的孩子，但那些没有经验的母亲仍然只套用书上的教条。

在育儿这一时期，妻子有时忙得连自己也顾不上，所以也忽略了自己在教养方面的修养。这样下去，到了四五十岁，夫妻双方在教养方面的差距便会扩大，很难找到共同语言，从而出现裂痕。究其原因，原来是他们二十几岁时便隐藏了这种危机。

本来，身为丈夫，没有几个人为了养育小孩而愿意花时间去阅读育儿书籍，但对体育报纸等情报信息，他们却有一股执著的力量，甚至在乘公车时也要抓紧时间阅读。他们阅读的大多是有关政治、经济、社会、国际问题等消息。而女性更关心的则是有关流行物品、房间摆设等身边的事情。

而身为丈夫应该协助妻子育儿，以便使妻子有更多的时间来提高自身的教养。丈夫不应把妻子看成自己的附属品，应把她当做一个独立的人加以对待，这对 30 岁以后的生活有很大的影响。

这一段时期正是确立、稳固夫妻关系的时期。如果夫妻关系十分融洽，那么对于孩子来说，他们也会效仿父母的做法，与别人建立融洽的关系。如果夫妻之间的关系形同路人，那么孩子也不大可能与别人建立融洽的关系，甚至还可能离家出走。

虽然说男女应该仍有一定的新婚气氛，但在早上起床时夫妇却很少互相问候“早”。因此，父母必须以身作则，要互相很有礼貌地问好，让孩子有良好的学习环境，而实际上有的父母却并不是这样

做的。

但人们往往容易忘记这样的真理："孩子不愿意听父母所说的，但却很容易模仿父母所做的。"所以只有以身作则，才能教育好孩子。我们都上过小学六年级的数学课。但今天的小学六年级的数学题已今非昔比，我们恐怕是解不出答案的。对于现在的各种与数学、理科相关的问题，如果自己没有一定的数学底子，是难胜任的。可见，实际环境对一个人的教育是至关重要的。

80后的女孩应该在妻子与母亲这两个角色中找到一种平衡，哪一个都不可以偏废，做到了这一点，你才算得上一个成功的女人。

第 8 章　经营幸福，用快乐点燃心灵的圣火

让幸福成为一种习惯

我们每个人的心灵深处，都有一座繁花似锦的花园，当我们开启这座芬芳四溢的心灵花园之际，就可以放松心情，尽享人生的美好和幸福。

很多时候，女人们错误地认为，幸福就是简单地拥有和得到，不断地追寻，不停地索取，到头来，却发现幸福离自己依然遥远。其实，幸福更多的是一种心态，而不是状态。正因为如此，幸福是旁人给予不了的，也不是用失去或者得到可以计算的。幸福是人一生所求，然而，在追求幸福的过程中，女人们却常常流于浮躁——总觉得幸福在别处。于是，她们宁愿丢掉手中的一切，挣脱自以为的重重枷锁去追求所谓的幸福。可是，当她们一心追求的“幸福”真正握在她们手里的时候，她们依然不会幸福。因为那些失去的，被破坏的，已经使幸福残缺了。

真正的幸福是宽容，是感恩，是平和，是恒久的忍耐。境由心造，把自己的心态调整好，加上理性、洒脱与豁达，让幸福成为一种习惯，让它时时光临我们的人生。幸福其实很简单，有时如果你刻意

地找寻它，就会发现它在回避你，而当你用乐观的心态对待事物时，就会发现，幸福就会随着你的阳光心态出现在你的身旁。

幸福是我们内心深处真正的需要，只要是心甘情愿去做的，并从中感觉到快乐，其实那就是幸福。幸福是来自对生活的满意程度，它与金钱、财富、权力、地位等内容没有太多的关系，无论是哪种身份，何种背景，只要当自己觉得内心平静，心灵得到安慰，精神充实，便会感觉到幸福。只要拥有一个简单快乐的心境，就能感觉到自己被幸福所包围。而拥有一颗贪欲之心，即使拥有丰富的物质，再多的财富，心灵也不会充满阳光，也就感觉不到幸福。了解我们的内心，学会和它对话，看清自己的幸福的根源在什么地方，让我们沿着幸福的轨迹去用心地寻找，追寻的过程本身就是一种幸福。当我们可以感受到自己越来越平和的心态，越来越低调的身姿，只是云淡风轻、游刃有余地从容应对一切的时候，我们其实就深悟幸福的真谛。

对于幸福，不同环境里的人们感受是不会相同的，但有一点应该是相同的，那就是心灵的快乐才会产生幸福。所以，让我们多聆听我们内心深处发出的声音，只要心是满满的，生活随处都是幸福的。

生活中并不缺少幸福

幸福并非是一种具体的外在环境，它对于女人们来说只是一种心理感觉。一个人的处境是苦是乐，往往是主观的。苦乐全凭自己判断，这和客观环境并不一定有必然关系，正如一个生来就不爱珠宝的女人，即使置身在极其重视虚荣，人人都珠光宝气的环境，也无伤她的自尊。拥有万卷图书的穷书生，并不想去和亿万富翁交换钻石或金银。满足于田园生活的人，也并不羡慕任何学者的荣誉头衔或高官厚禄。

爱好就是方向，兴趣就是资本，性情就是命运。各人有各人理想的乐园，有自己所乐于安享的境界。一个人生活得是否幸福，并不在于他生活的客观环境有多么地好，而在于他心中的感觉，他是否从中体会到了一种幸福。

成功学大师卡耐基说："使你快乐或不快乐的，不是你有什么，你是谁，你在哪里，或你正在做什么，而是你对它的想法。举例来说，两个人处境相同，做同样的事情；两个人都有着大致相等数量的金钱和声望。然而，其中一个落落寡合，另外一人则欢欣愉快。什么缘故？心态不同的关系。"

这个世界上大多数人的一生很难有机会赢得大奖，但谁都有机会得到生活的小奖。因为，生活中我们每一个人都有机会得到一声关心的问候、一个灿烂的微笑。

生活就像一条逶迤曲折的小径，周围百花绽放，蜂蝶飞舞，硕果压枝。但是，有很多人却不惜花费许多时间舍近求远去寻找幸福。其实，幸福就在眼下，俯拾即得，而很多人却不知弯腰捡起享用。这是因为生活并非缺乏幸福，而是人们缺乏发现幸福的眼光。

生活原本是丰富多彩的，除了上班、学习、赚钱、求名，还有许许多多美好的东西值得我们去享受：可口的饭菜、温馨的家庭生活、蓝天白云、汹涌的大海、高耸的雪山与空旷的高原，还有诗歌、沉思、友情、谈天、读书、体育运动、欢庆的节日，甚至工作和学习本身也可以成为幸福的享受。

在生活中，人们都渴望得到满盛完美和永恒幸福的"聚宝盆"。与此同时，人们却对微不足道的细枝末节视而不见；对起不到立竿见

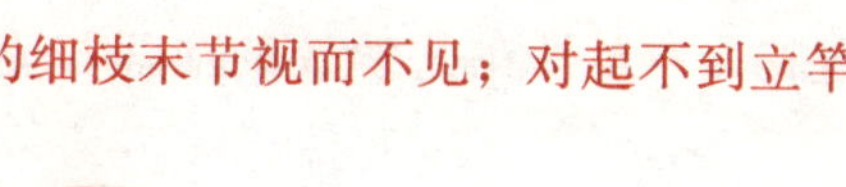

影功效的一砖一瓦置之不理。

如果一个人不是太急功近利，不是单单为了自己的私利，那么辛苦劳作对他而言也会变成一种乐趣。

罗丹说："美是到处都有的，对于我们的眼睛，不是缺少美，而是缺少发现。"幸福亦然。

幸福就在我们的生活周围，它像散落在海滩上的一颗颗小小的贝壳。只要你弯下腰来一个一个地把它采撷起来，很快就可以装满一篮子。

生活中到处都有小小的喜悦，也许只是一杯清茶、一碗热汤，也许是一轮美丽的弯月。更大一点的单纯乐趣也不是没有，生而自由的喜悦就够使懂得它的人享受一生了。

这许许多多、点点滴滴都值得仔仔细细去品味、去咀嚼。也就是这些小小的幸福，让宝贵的生命更可亲，更可眷恋。

停一下自己匆忙的脚步，去欣赏周围，肯定会发现幸福就伫立在自己的身边。

鲜花送人，手留余香

微笑是一种心灵魔力的外在表现，这种魔力不仅能够给日渐枯萎的生命注入新的甘露，也会使人生开出幸福美丽的花朵。

一家资金雄厚的鲜花公司以高薪聘请一位礼仪小姐，招聘海报张贴出去后，前来应聘的人踢破门槛。经过几番面试，老板留下了三位女孩让她们每人经营花店一周，通过对经营利润的考核，以便从中挑选一人。这三个女孩长得都如花一样美丽，一个曾经在花店插过花、卖过花，一人是花艺学校的应届毕业生，余下一人只是一个待业女孩。

插过花的女孩一听让她们以一周的实践成绩为应聘条件，心中窃喜，毕竟插花、卖花对于她来说是轻车熟路。因此，在她经营花店时，每次一见顾客进来，她就不停地介绍各类花的象征意义以及给什么样的人送什么样的花。因此几乎只要顾客进了花店，她都能说得让人买去一束花或一篮花，一周下来，她的成绩不错。

花艺女生经营花店，她充分发挥从书本上学到的知识，从插花的艺术到插花的成本，都精心核算，她甚至联想到把一些断枝的花朵用牙签连接花枝夹在鲜花中，用以降低成本……她的知识和她的聪明为她一周的鲜花经营也带来了不错的成绩。

待业女孩经营起花店，则与那两位有着专业知识的女孩比显得有点放不开手脚，然而她置身于花丛中的微笑简直就是一朵花，她的心情也如花一样美丽。一些残花她总舍不得扔掉，而是修剪修剪，免费送给路边行走的过往行人，而且每一个从她手中买去花的人，都能得到她一句甜甜的软语“鲜花送人，手留余香”。这听起来既像女孩为自己说的，又像是为花坊讲的，也像为买花人讲的，简直是一句心灵默契的心语……尽管女孩努力地珍惜着她一周的经营时间，尽管女孩做得十分辛苦，但她的成绩比前两个女孩相差很大。

出人意料的是，老板竟然留下了那个待业女孩。老板的朋友及公司的员工都十分地不解——为何老板放弃能为他挣钱的女孩，而偏偏选中这个外行的待业女孩？

老板解释说：用鲜花挣再多的钱也只是有限的，用如鲜花一般美丽的心情去挣钱才是无限的。花艺可以慢慢学，可如鲜花一般美丽的心情不是学来的，因为这里面包含着一个人的气质、品德以及情趣爱好、艺术修养……

要常常对自己说我很幸福

生活中有预报天气的，有预报灾情的，有预报节目的，有预报疫情的，但是唯独没有预报幸福的。

其实幸福和世界万物一样，都是有先兆的。幸福给人们的感觉常常是朦胧的，好比很有节制地喷洒的甘霖。请不要总希冀与轰轰烈烈的幸福相遇，幸福多半只是悄悄地拂面而来。也不要企图把水龙头拧得更大，使幸福太快地流失。而需要你静静地以平和之心，体验幸福的真谛。

幸福很多时候“面容”是朴素的。它不会像信号弹似的，在很高的天际闪烁红色的光芒。它披着本色的外衣，亲切温暖地包裹起我们。幸福不喜欢喧嚣浮华，常常在暗淡中降临。贫困中相濡以沫的一块糕饼，患难中心心相印的一个眼神，父亲一次粗糙的抚摸，女友一个温馨的字条……这都是千金难买的幸福啊。它像一粒粒缀在旧绸子上的红宝石，在温馨中愈发熠熠夺目。

幸福有时喜欢同人开玩笑，乔装打扮而来。机遇、友情、成功、团圆……它们都酷似幸福，但它们并不等同于幸福。幸福会借了它们的衣裙，袅袅婷婷而来，走得近了，揭去面纱，才发觉它有秀美的笑靥。幸福有时会很短暂，不像苦难似的笼罩天空。如果把人生的苦难和幸福分置天平两端，苦难体积庞大，幸福可能只是一块小小的其貌不扬的矿石。但指针一定会向幸福这一侧倾斜，因为它是有生命的黄金。

幸福是一种真情付出的副产品。一位作家说：“人一生为事所感、被情所累。其实，正是这种感、这种累，才使生命更富于色彩，才使生活更富于精彩。”

人的一生像魔方一样，在一生之中，不但领受着亲情、友情、爱情，同时，还要以真心付出亲情、友情、爱情。这一巨大的“魔圈”的延续，就是生命的延续，“情”之延续。而要真正延续，却不是一件轻松的事，就必须学会珍惜、真诚。因为情是心与心相连、维系人们之间的关系、贯穿人一生的东西。

重情的人生是完整的人生，而忘情的人生是不完整、不幸福的人生。

幸福就像梯形的切面，它可以扩大也可以缩小，就看你如何去想，如何去做。要提高对于幸福的“警惕”，当它到来的时候，要激情地享受每分每秒。

当春回大地的时候，一定要对自己说，这是春天啦！心里就会泛起茸茸的绿意。幸福的时候，我们要对自己说，请记住这一刻！幸福就会长久地伴随在我们身边。那我们岂不是拥有了更多的幸福！

收获硕果时，先不要去想未来可能是灾年，我们还有漫长的冬季来得及考虑这件事。我们要和朋友们跳舞唱歌，渲泄喜悦。既然种子已经回报了汗水，我们就有权沉浸在幸福中。不要管以后的风霜雨雪，让我们先把麦子磨成面粉，烘一个香喷喷的面包。

所以，当从天涯海角相聚在一起的时候，请不要惆怅片刻后的别离。在今后漫长的岁月里，有无数孤寂的夜晚可以独自品尝愁绪。现在的每一分钟，让相聚像纯净的酒精，燃烧成幸福的淡蓝色的火焰，不留一丝渣滓。让我们一起举杯，衷心地说：“我很幸福。”

所以，当我们守候在年迈的父母膝下时，哪怕他们白发苍苍，哪怕他们老态龙钟，都要有勇气对自己说：“我很幸福。”因为人生无常，总有一天会失去他们，将来会有无限追悔此刻的时光。

幸福并不与财富、地位、声望、婚姻成正比，幸福不幸福只是心灵的感觉。

所以，当我们一无所有的时候，也能够说："我很幸福。"因为我们还有健康的体魄。即使不再享有健康的时候，那些最勇敢的人可以依然微笑着说："我很幸福。"因为他们还有一颗健康的心。甚至当我们连心也不再存在的时候，那些人类最优秀的分子仍旧可以对天大声地说："我很幸福。"因为他们曾经生活过。

请常常对自己说："我很幸福！"就像在寒冷的日子里经常抬起头来看看天空那红灿灿的太阳，心就不知不觉暖洋洋光光亮，生命就会永远年轻并且有意义。

心存感激就会幸福

无论有多忙，一个人总有时间选择两件事：幸福还是不幸福。早上起床的时候，也许自己还不知道，不过你的确已选择了让自己幸福还是不幸福。

一个文学家希望在知识中寻找快乐，却只找到幻灭；他在旅行中寻找快乐，却只找到疲倦；他在财富中寻找快乐，却只找到纷乱忧虑；他在写作中寻找快乐，却只找到身心疲惫。有一天他看见一个女人坐在车里等人，怀中抱着一个熟睡的婴儿。她的丈夫从火车上走下来，走到母子身边，温柔地亲吻妻子和她怀中的婴儿，小心翼翼地不敢惊醒他。这一家人然后开车走了，留下他深思地望着他们离去的背影。文学家感悟到，原来日常生活的一点一滴都蕴藏着快乐。

多数人的一生中不见得有机会赢取大奖，大奖总是属于那些少数精英分子的。不过每个人都有机会得到一个拥抱，一个亲吻，或者只是一个就在大门口的停车位！

倘若生命的大奖落到你头上，一定要心怀感激。但即使与它们失之交臂，也无须嗟叹。尽情去享受生命的小奖吧！昨日的英雄只是今日的尘土，生命的大奖只是昨夜星辰，瞬间消逝，但是那些小小的喜悦却是日常生活中俯拾即是、无虞匮乏的。人生的大喜毕竟少有，可是只要睁大眼睛，到处都可以发现那些小小的喜悦。

以写书而成名并致富的斯特自己买得起劳力士手表和名牌服饰，开得起豪华跑车，也能够到私人小岛度假，他却认为自己没有满足感，甚至有好友在旁仍然感到寂寞。

斯特说："我已经比自己梦想的还要富裕，可是我还是感到悲伤、空虚和茫然。钱财居然不等于快乐！我真的不知道什么东西才能带来快乐。"

像斯特那样，为钱奋斗了半生才悟出"有钱不一定快乐"道理的人不在少数。人之所以不快乐，只是人本身出了问题，把有问题的部分修理好就行了。不知感恩是造成一个人不快乐的一大原因。

知足也是快乐的重要条件。人类不快乐的最大原因是欲望得不到满足、期望得不到实现。"欲望"与"期望"是有区别的，虽然欲望也许有碍快乐，却是"美好人生"不可缺少和无法消除的成分；期望则是另一回事，例如，每个人都期望健康，但得付出代价。

如果某一天你发现身上长了个瘤，你心怀忐忑去检查。一个星期后，当听到良性瘤的诊断结果时，你会感到这一天是你一生中最快乐的一天。事实上，这一天和你怀疑身上有瘤的那一天一样，生理上的健康情形并没有改变，如今你却快乐得不得了，为什么？因为今天你并没有期望自己会很健康。

因此，每个人都能够也应该“欲望”健康，但不应该“期望”健康！就好像不应期望人生当中许多事：求职顺利、投资成功，甚至所爱的人长命百岁。如果一个人分不清“欲望”和“期望”，便会感到“失望”。期望不得实现，不但会带来痛苦，也会破坏自己的感激心。而感激的心情是快乐的必要条件。

所有幸福的人大多都心怀感激，不知感激的人很少有幸福的。如果期望越多，感激心就会越少。在期望获得满足的一刹那，必须想到那绝不是必然的事。

因此，每个人都应学会心怀感激，这样子会让自己的生活真正幸福起来。

要求越少，幸福越多

衡量一个人是不是幸福，不应该问他那些令他高兴的乐事，而应该问他那些让他烦恼操心的事情。因为烦扰他的事情越少、越微不足道，那么，他就生活得越幸福。因为如果他连微不足道的烦恼都能感受得到，那就意味着他正处于安逸、舒适的状态——在不幸的时候，人是无法感觉到这些小事情的。

时刻提醒自己对生活不要有太多的要求，因为如果这样做，幸福所依靠的基础就变得扩大了。依靠如此广大的基础建立起来的幸福是很容易倒塌的，因为遭遇变故的机会增多了，而变故是无时不在的。在基础方面，幸福的建筑物与楼房建筑物正好相反，后者因其广大的基础而变得牢固。因此，避免重大祸害的最有效途径就是考虑到自身的能力、条件，尽可能地减低对生活的要求。

一般来说，人们最常做的一件蠢事就是过分地为生活未雨绸缪——无论这种绸缪准备是以怎样的方式进行的。为将来做详尽的计划首先必须要以得享天年作保证，但只有为数很少的人才可以活至高龄，就算一个人能够享有较长的寿命，但相比订下的计划而言，时间还是太过短暂了，因为实施这些计划总要花费比预计更多的时间。另外，这些计划，一如其他事情，都有太多遭遇阻碍和失败的机会，很少真能达到成功。最后，就算所有的目标都一一实现，却忽略了时间在自己身上所带来的变化。也许当初并不曾想过自己不可能在一生中始终保持创造的能力和享受的能力。因此，这样的情形经常都会发生：一直埋头做事，到了目标实现的时候，却发现所取得的成果已经不再适合自己的需要了；或者，成年累月为某一工作作准备，但这些准备工夫不知不觉地消耗了自己的精力，到头来，再也无法进行计划中的工作了。所以，经历长年的拼搏，历尽诸多风险，即使终于获得了财富，但到了这个时候，却已不再能够享受这些财富了，到头只不过为别人苦干了一场。或者，经过长年的艰苦努力，终于如愿爬上了某一职位，但却已经无力胜任这一职位的工作了，诸如此类的事情屡见不鲜。这是因为我们所追求的结果来得太晚了。或者，与此相反，我们太迟着手做事情了，也就是说，就我们做出的成就或者贡献而言，时代的趣味已经改变了。新一代的人成长了起来，他们对我们成就的事情不感兴趣；其他的人走了捷径，赶在了我们的前面，种种情形，不一而足。

有时局限和节制都有助于增进幸福。自己的视线、活动和接触的范围圈子越大，感受的焦虑或者担忧就越多。因为随着这一范围圈子的扩大，愿望、恐惧、担忧也就相应增加。

当我们看到某样东西时，很轻易就会产生这一念头："呀，如果我能拥有它就好了！"由此感觉到了有所欠缺。其实，我们更应该经常这样想："呀，如果我失去了某样东西！"有时候我们不妨想象一下在失去我们所拥有的某样东西时，我们将会怎样看待那失去之物。无论是财产、健康、朋友、妻子、孩子、我们所爱的人，抑或马匹、爱犬等等。因为，在大多数情况下，只有在失去了某物以后，我们才会知道它的价值。一旦它们被残酷的事实击碎，失望肯定就会接踵而至。如果我们更多地考虑可能出现的种种不利，那对我们反而有好处。因为这样做会促使我们采取相应的防范措施，另外，一旦意料之中的不好事情并没有发生，那我们就会得到意外的惊喜。在经历一番忧虑以后，我们难道不是明显地变得更加心情舒畅了吗？事实上，经常不时地想象一下那些有可能降临在我们身上的巨大不幸和灾难倒是一件好事情，我们由此可以更加容易承受那随后实际发生的许多轻微的不幸，因为我们可以以这一点安慰自己：那些巨大的不幸毕竟没有发生。

提醒自己注意幸福

有很多人从小就习惯了在提醒中过日子。天气刚有一丝风吹草动，妈妈就会告诉你，别忘了多穿衣服。才相识了一个朋友，爸爸就提醒你，小心他是个骗子。你取得了一点成功，还没容得乐出声来，你的身边所有关切着你的人会对你说，别骄傲！你沉浸在欢快中的时候，自己不停地对自己说："千万不可太高兴，苦难也许马上就要降临……"人们已经习惯了在别人或自己的提醒中过日子。看得见的恐惧和看不见的恐惧始终像乌鸦盘旋在头顶。

即使是在皓月当空的良宵，内心中的一个声音也会提醒你说：注意风暴。于是我们忽略了皎洁的月光，急急忙忙做好风暴来临前的一切准备。当我们大睁着眼睛枕戈待旦之时，风暴却像迟归的羊群，不知在哪里徘徊。当我们实在忍受不了等待灾难的煎熬时，我们甚至会恶意地企盼风暴早些到来。

当我们感到等待已经让我们筋疲力尽时，风暴终于姗姗地来了。我们怅然发现，自己以前所做的准备多半是没有用的。事先能够抵御的风险毕竟有限，世上无法预计的灾难却是无限的。战胜灾难更多的时候是依靠随机应变和临门一脚，先前的惴惴不安帮不上忙。

盼望着，盼望着，风暴的尾巴终于远去，我们狼狈不堪地守住零乱的家园。气还没有喘匀，新的提醒又智慧地在我们身边响起来，我们又开始对未来充满恐惧的期待。

人生的路途很少一帆风顺，总是有或大或小的灾难。其实大多数人早已练就了对灾难的从容，我们只是还没有学会享受灾难间隙的短暂的幸福快乐的时光。我们太多注重了自己警觉苦难，我们太忽视提醒幸福。

人的一生有太多的提醒，提醒注意跌倒……提醒注意路滑……提醒受骗上当……提醒宠辱不惊……先哲们提醒了我们一万零一次，却不提醒我们幸福。

也许很多人们都认为幸福不提醒也跑不了的。也许他们以为好的东西你自会珍惜，犯不上谆谆告诫。也许他们太崇尚血与火，觉得幸福无足挂齿。于是那些善良的人们总是站在危崖上，指点我们逃离未来的苦难。但避去苦难之后的时间是什么？

那就是幸福啊！

然而，生活中却很少有人提醒我们，珍惜已拥有的幸福。享受幸福是需要学习的，当幸福即将来临的时刻需要及时地提醒自己。人可以自然而然地学会感官的享乐，人却无法天生地掌握幸福的韵律。灵

魂的快意同器官的舒适像一对孪生兄弟，时而相傍相依，时而天各一方。

幸福是一种心灵的振颤。它像会倾听音乐的耳朵一样，需要不断地训练。

简言之，幸福就是生活中没有痛苦的时刻。它出现的频率并不像我们想象的那样少。

很多时候，人们并不留意幸福在身边的停留，常常只是在幸福的金马车已经驶过去很远，捡起地上的金鬃毛说：原来我见过它。

生活中，人们喜爱回味幸福的标本，却忽略幸福披着露水散发清香的时刻。那时候我们往往步履匆匆，瞻前顾后不知在忙着什么。

幸福有着多变的身材，它可以扩大也可以缩小，就看你是否珍惜。所以在幸福的时候，我们要对自己说，请记住并且珍惜这一刻！幸福就会长久地伴随我们。那我们岂不是拥有了更多的幸福！

幸福并不与财富地位声望婚姻同步，在别人眼中，腰缠万贯的财产，高高在上的地位，众人景仰的声望，妻贤子孝的家庭，有时也无法让你感到幸福，因为幸福只是你心灵中的感觉。

幸福来自感恩之心

人们很容易忽略周围的细微事物，其实生活中的这些细枝末节往往隐藏着许多美好。只要你肯打开心灵的眼睛，用平和的心态去观察思考，你就会发现这一切。而这一切也必然会使你的生命充满了感动的快乐。

一个囚犯被单独关在房中，整天见不到其他人，也无法和任何人说话，三餐都是由墙上的小洞送进来的。

有一天，一只小蚂蚁爬进他的牢房。他看着蚂蚁四处爬动，因为穷极无聊，就把它放在手掌上玩，喂它米饭，晚上则把它关在自己的茶杯里。

这时，他突然发现自己活了这么多年，从来不懂得欣赏蚂蚁的可爱，不觉怅然若失。

生活中原本有许多美妙的东西，只是我们太匆忙、太浮躁了。没有好好地去品味，去把握它。

生命当中，一定有许多我们未曾发现的奇迹，它们就藏在生活的细枝末节里，一如寒冬里的阳光，因天气的寒冷而被我们忽略了它的暖意。

很多事物都暗含美感，都会给我们带来赏心悦目的欢欣和喜悦，只是需要我们用心去感知，用情去体味，想一想：此刻的我们，能快快乐乐地活着，该感谢的是谁？

让我们一起来想。天存在，才有我们；地存在，才有我们；亲人存在，才有我们；十几年的人文教育，才有我们。

还有呢？我们要感激的不只这些。

天地覆载是得感恩的，不然，紫外线、地震、海啸、龙卷风一来，我们都无法拥有此刻的安宁自在。

山河大地孕育我们，更该感恩了，想想没有水、没有食物，我们还能活吗？

父母养育之恩更该感恩，没有父母，哪有今日的我们？父母给了我们生命，抚育我们成长。

老师、朋友也该感恩，没有他们一路陪着我们，我们早就被途中的挫折打败了。

原来我们要感恩的有这么多，抱怨是不是就减少了？当生活中充满感恩，就不会有太多的抱怨了。

抱怨的心无法成就任何事，唯有感恩才行。不懂感恩就不会付出，没有付出，就不会有收获。

生活中，我们关心的远比我们知道的少，我们知道的远比我们所爱的少，我们所爱的远比我们所能爱的少，就这一点来看，我们表现的远比真正的我们少。拥有一颗感恩的心，因为世上值得感恩的我们知道的永远都不够。

当我们吝于付出，无法感恩，心中就会没有爱。没有爱，我们就无法学习，无法付诸行动，无法把握现在，也就无法把握未来！我们常抱怨生活不美丽，原来不美丽的生活是自找的，只要懂得对生命感恩，就自然会拥有美丽的生活。

感恩是生活的润滑剂。拥有一颗感恩的心，就会有许多的希望和生机。为什么舜的后母对他不好，他仍能孝顺？因为他能感恩。他感恩后母对家庭的付出、对父亲的照顾，因为感恩，所以不会对他人有抱怨之心，所以能对后母敬爱，不论后母怎样无理地对待他。

从现在起，我们都开始感恩吧！感谢阳光、感谢雨水、感谢星星、月亮、日光灯、巷口的那只流浪狗、叫醒我们的闹钟……让我们对万事万物充满感恩！

幸福是一种生活态度

我们每天都在为自己的某些目标努力着，在这个努力的过程中，总会遇到一些或大或小的困难，而快乐就存在于解决困难的过程中的态度和习惯里。快乐需要困难来陪衬，同时需要有用解决困难的行动来面对难题的心理准备。

其实，很多灾难大部分是我们对现象所持有的态度。悲观者只要改变他消极的态度，由恐惧改为勇敢，这种困难就会转变为令人兴奋鼓舞的快乐。无法躲避灾难时，如果我们以愉悦的心情来面对它，就会迎刃而解。不要被困难吓倒，不管它多有威力，我们也要用积极的态度来面对，要相信自己一定能战胜它，并且还能为己所用，这就是快乐的态度。

在解决困难的过程中，养成勇往直前、临危不惧的习惯，养成把稳目标、不顾结果如何的习惯。在每天碰到的琐碎小事中，练习积极进取的习惯。告诉自己：你正在采取克服困难、实现目标的积极行动；鼓励自己：你对难关采取的行动，不是逃避而是面对它们，用积极乐观的态度与它们斗争。不管在想象中还是在练习中，当我们养成这样一种习惯时，就会面不改色地面对所有的困难和危险。

爱默生说："健全的心理是一种脾性，一种到处寻找光明的脾性。"脾性也就是习惯，快乐或时刻保持思想愉悦的习惯，能够在不断自我激励、自我肯定中有计划地审慎地培养出来。而且这是培养快乐习惯的唯一办法。我们必须明白，快乐绝不是偶然能够得到的东西，而是你自己决定制造的东西。如果你要等快乐主动降临或来到你身边，或是靠别人得到快乐，你可能要等很长时间，最后甚至等不到。除了你自己，没人能决定你的思想、你的情绪体验。如果你要等情况来验证你思想的愉悦，你也许要等上一辈子。

每一天都是好与坏的交集，没有什么是百分之百的好。是把一切都看成是悲观、乖戾的景象，还是乐观、快乐的景象，全在于个人的选择。好与坏都是一样真实的存在，问题是我们倾向于谁，我们的心持何种想法。客观地、乐观地面对这一切，把快乐的时光记在脑海里，在危急、烦恼时想到这些记忆，能求得心灵的帮助和动力。

我们的内心与习惯是互相关联的：心态改变，习惯也会随着改变。当我们有意培养新的习惯时，我们的内心就会摒弃旧的习惯，而接纳新的习惯。

快乐的习惯也可以有意识地去养成，每天清晨，告诉自己：我今天要快乐，我要对别人更加友善。我不要对他人太苛求，要多容忍他人的错误。在我自己的能力范围之内，我必须把某项工作做好，如果失败了，我也要笑着面对。把这些当教条一样不停地在脑子里转，而且尽量朝着心中所想的去做，久而久之，你对生活的态度将不再悲观，而快乐的习惯也在心中养成了。

仔细体味幸福的感觉

亚伯拉罕·林肯曾经说过："我一直认为，如果一个人决心想获得某种幸福，那么他就能得到这种幸福。"

人与人之间本只有很小的差异，但这种很小的差异却往往造成了巨大的差异！很小的差异就是所采取的心态是积极的还是消极的，巨大的差异就是幸福或者不幸。

想获得幸福的人应采取积极的心态，这样，幸福就会被吸引到他们的身边。那些态度消极的人不会吸引幸福，只能排斥幸福。

寻找自己的幸福的最可靠的方法，就是竭尽全力使别人幸福。幸福是一种难以捉摸的、瞬息万变的东西。如果你去追求它，你会发现它在逃避你；但是如果你努力把幸福送给别人，于是它就会来到你的身边。

作家克莱尔·琼斯谈到与丈夫在结婚初期所经历的一种幸福：

“在婚后的头两年中，我们住在一个小城市里。我们的邻居是一对年老的夫妇，妻子几乎双目失明了，并且瘫在轮椅中。丈夫身体也不很好，他整天待在房子里，照料着妻子。

在圣诞节的前几天，我和丈夫情不自禁地决定装饰一棵圣诞树送给这两位老人。我们买了一棵小树，将它装饰好，带上一些小礼物，在圣诞前夜把它送过去了。

老妇人感激地注视着圣诞树上耀眼的小灯，伤心地哭了。她丈夫一再说：“我们已经有许多年没有欣赏圣诞树了。”以后每当我们拜访他们，他们都要提到那棵圣诞树。这是我们为他们做的一件小事，但是我们从这件小事中得到了幸福。

由于我们的友好，他们得到了一种幸福，这种幸福是一种十分深厚而温暖的感情，这种幸福将一直留在他们的记忆中。”

你可能是幸福的、满足的，也可能是不幸福的。因为你有权利选择其中的任何一种。决定的因素是你受积极的还是消极的心态的影响，这个因素也是你所能控制的。这里需要告诫你的是，不应把幸福押在不切实际的需求上，因为这样不可能得到真正的幸福。

一个人心理健康，幸福美满才能长驻。一个人心理不健康，纵有山珍海味、金钱权势，内心仍可能痛苦凄凉。心理健康，可使你积极地面对一切，化忧解难，驱除消极情绪，获得一个美满与幸福的人生。

幸福的感觉需要我们用心去体味，它也许就在我们的某一次给予中，也许就在粗茶淡饭里，也许就在全家同享天伦之乐里，也许就在远方朋友寄来的小小明信片里。只要你觉得这一切都是幸福的，那么你就体味到了幸福的感觉。

不要为幸福设定条件

人生与支票一样，是有期限的。很多生不带来死不带去的东西，如果不在规定的期限内用完，很可能再也没有机会了。所以不要给自己的享乐设定条件，与其等着死后白白浪费掉，还不如开开心心地享受一把。

有一个女孩，家境可以说是十分富裕的，然而，她却过着一种令人难以想象的生活。她很节省，节省得几乎达到了出人意料的地步。一张卫生纸她都要剪成四份来用。有一回，班上的同学买了一包卫生纸，看她如此节省便送了一包给她。隔天，她仍是又将卫生纸剪成四份来用。

同学问她："昨天那包呢?"她回答说："我拿回家给妹妹们用了，我还有的用。"她有三个妹妹，她会将东西都省下来给她们。

她亲生母亲在她小时就去世了，后母很节俭，所以她便非常简朴地生活着。她写得一手好文章，弹得一手好琴，可是，这双拿笔、弹琴的手，在假日竟到工厂捡废铁，将一只细致的手弄得伤痕累累。

家里有时什么也没有，父母忙着工作，冰箱空空的。

她家里其实并不穷，有四间房子是出租的，有两个工厂，但是父母的观念是："钱是赚来存的，不是赚来花的!"

不幸的是，她遭遇了车祸，在高考前一个月，被一个酒后驾驶的司机撞到，躺在医院里。

同学到医院里看到她时几乎认不出来，她只剩下左耳和右眼有知觉，其他的全都在沉睡。她的父母在身旁陪着她，看得出很关心她，看到有人来探望也很感激。

她的父母说："请护士一天要一百多，医生说她可能一辈子都会沉睡，但是我们会照顾她一辈子。"

他们的话一点都不令人感动，反而令人伤感。如果他们能在女儿被撞之前的岁月里，这样想就好了，她那么年轻，不知还要躺上多久！

生活中，不能与快乐相处的人实在太多了。这些人获得一次大的成就之后，不但不能轻松愉快，相反的，却更加焦虑起来。在他们的心中，每个人和每件事，都在紧盯着他们，疾病、诉讼、意外，乃至亲戚。这些人根本不肯放松心情——除非再度尝到了他们一直期待的滋味：失败。

莎士比亚说："欢愉和行动，使时光短暂。"

不论生命长或短，每个人都应记住：不要为自己的享乐定下条件。

不要说："等我赚足了钱，就好好地玩玩。"

不要说："等我登上了前往巴黎、罗马、维也纳的飞机，我就乐了。"

不要说："等我到了退休，我就躺在躺椅上晒晒太阳……"

享乐不应该有"假如"等条件。每个人都有权自娱，不论你是一位百万富翁还是一个身无分文的人。

一个内心脆弱的百万富翁也许会念念不忘地说："如果有人把我的全部积蓄偷去，那就没人理我了。"

一个内心坚强的人会对自己说："如有债主逼我非和他捉迷藏不可，那我就以做体操为乐。"

口袋没钱的时候，人有的是时间，可一旦口袋里装满了钞票，时间又没有了，也许这就是很多人无法遂愿的主要原因吧！其实这也许是我们生活的真实写照。

找到属于自己幸福的音符

电影明星霍夫曼在“金球奖”的颁奖典礼上接受终身成就奖时，说到一个真实的小故事。一次，他为了《毕业生》那部电影宣传，碰巧与音乐大师史达温斯基在同处接受访问。当主持人问史达温斯基，何时是他一生当中最感骄傲的时刻——新曲的首度公演？功成名就、掌声四起？史达温斯基都一一否认，最后，他说：“从我坐在这里这段时间，我一直不断地在为我新曲中的一个音符绞尽脑汁，到底是‘1’比较好？还是‘3’？当我最后发现最合适的那一个音符的一刹那，是我人生中最快乐、最骄傲的时刻！”

如同史达温斯基心无旁骛、孜孜不息地寻找一个最能感动他的音符一样，不管是从事何种职业的人，那最令人满足、安慰的时刻，的确是在自己“千山万水”、“柳暗花明”，终于找到了“高峰体验”的一瞬间。登山者攀越高峰，淌着血汗、一步一个脚印地爬上去，面对挑战，战胜挑战，达到顶峰，那一刻“高山不负苦心人”的心灵震撼，绝对是无可比拟的！

人生最大的骄傲，不是掌声、名利或权势：掌声会停，名利、权势也不过是暂时的锦上添花，终会成为过眼云烟！倒不如试着学习认识自己的潜能，对自己负责，并在设定方向之后，不畏艰辛，尽心、努力、不懈地追寻，一旦真的找着了最能感动自己灵魂的“那一个音符”，才是人生最大的快乐。

人生的旅途上，有些人或许已经找到自己所要的那个音符了，这可喜可贺，却也要继续努力，更上一层楼。而那些仍在寻找的人，更无须气馁，“铁杵必能磨成绣花针”，过程往往比结果更重要。

一个人若想要成功，要明白自身的优势所在。爱因斯坦在大学时的老师佩尔内教授有一次严肃地对他说：“你在工作中不缺少热心和勤奋，但是缺乏能力。你为什么不学医、不学法律或哲学而要学物理呢?”幸亏爱因斯坦深知自己在理论物理学方面有足够的才能，没有听教授的话。否则，也许我们的物理科学就不会像今天这样了。

遗传学家经过研究认为：人的正常的、中等的智力由一对基因所决定。另外还有五对次要的修饰基因，它们决定着人的特殊天赋，起着降低智力或升高智力的作用。一般说来，人的这五对次要基因总有一两对是“好”的。也就是说，一般人总有可能在某些特定的方面具有良好的天赋与素质。

所以，每一个人都应该努力找出我们基因里那一两对好的，好好利用，好好开发，从而找对自己的音符。

世界属于拥有快乐和幸福的人

第二次世界大战爆发前，弗兰克已是一位有名的精神治疗师，他的论断：“当一群差异很大的人处于相同程度的饥饿状态下时，随着对食物需要的意识增加，所有个体之间的差异会被抹平，这时我们可以看到，当某个本能不被满足时，几乎所有个体都会有一致的反应。”

他这个论断在当时看来，大家都觉得是正确的。可是后来，弗兰克自己推翻了这个论点，建立了被称为精神医疗的维也纳第三学派。

他的新的思想学派的形成，不是在一个优越的环境中研究所得，而是在集中营里得到的。

作为犹太人的他，在“二战”中被关进了集中营，而他的家人也死在了集中营。这样的厄运并没有击垮弗兰克，在集中营里，他潜心观察，发现在同样艰难的环境里，有人绝望堕落，有人却表现出杰出的道德情操。这段经历让他重新思考人生的目标意义，并形成了新的思想学派。

当我们身处逆境时，如果能够不甘堕落，如果能保持顽强不屈的精神，那么我们的生命也会因此而变得精彩。

为了开辟新的街道，伦敦拆除了许多陈旧的楼房。然而新路却久久没能开工，旧楼房的废墟晾在那里，任凭日晒雨淋。有一天，一些自然科学家来到这里，他们发现，在这一片多年未见天日的旧地基上，竟长出了一片野花野草。

奇怪的是，其中有一些花草是在英国从来没有见过的，它们通常只生长在地中海沿岸国家。这些被拆除的楼房，大多都是在古罗马人沿着泰晤士河进攻英国的时候建造的。

这些草的种子多半就是那个时候被带到了这里，它们被压在沉重的石头砖瓦之下，经历漫长的岁月，几乎已经完全丧失了生存的机会。但令人感到意外的是，一旦它们见到阳光，就立刻恢复了勃勃生机，绽开了一朵朵美丽的鲜花。

其实，人的生命也是如此。一个人，不管他经受了多少打击，也不管他经历了多少苦难，一旦乐观的阳光照耀在他身上，他便能治愈创伤，便能获得希望，便能萌生出新的生机，哪怕是在荒凉恶劣的环境里，也依然能够放射出自己的光和热。

如果人们心情豁达、乐观，就能够看到生活中光明的一面，即使在漆黑的夜晚，也知道星星仍在闪烁。一个心境健康的人，就会思想高洁，行为正派，就能自觉而坚决地摒弃肮脏的想法，不与邪恶者为伍。这个世界属于我们每一个人，而真正拥有这个世界的人，是那些热爱生活、拥有快乐的人。或者说，那些拥有快乐的人才会真正拥有这个世界。

第9章　让自己更优秀，幸运自会来敲门

开创一片自己的天地

如今，面对遍地的机会，越来越多的80后女孩，也像男人一样有着强烈的创业精神，并因此拥有了一份属于自己的事业，开创了一片自己的天地。创业，给女人罩上了一道迷人的光环。

其实在赚钱方面，如果不是由于女人承担着过多的家务劳动的话，女人比男人有着更多的优势，这一点已经被社会心理学家所确认。

女人在语言表达和词汇积累方面比男性强，一般女人都比男人口齿伶俐，而这正是生意人必备的条件之一。女人在听觉、色彩、声音等方面的敏感度比男性高40%左右，在竞争激烈、信息多变的生意场上，这也是成功者必须具备的良好素质之一。女人的记忆力，尤其是短期记忆力远远强于男人，在精打细算方面女人往往比男人详尽得多，这又为女人做好生意奠定了基础。

女人比男人更富于坚持性。比如在同样情况下对某一件事情，女人很难改变自己的观点，男人则相反，很容易放弃自己原先的想法。这说明，女人更接近于现代企业家的良好素质要求。女人发散思维能力优于男人，她们对某件事进行思维决断时，常常会设想出多种结果。而男人则习惯于沿袭一种思路想下去。发散思维能力，恰恰是新产品开发、企业形象设计等方面所要求的。

女人的直观能力比男人准确。女人似乎有一种先天赋予的特性，她们对某些事、某个人常常不用逻辑推理，单凭直觉就能准确看透，而男人在这方面则望尘莫及，这就为女人在生意场中及时捕捉机遇提供了有利条件。女人比男人有更大的忍耐性。同样情况下，遇到同一个问题，女人往往更有耐心，而男人则常常急不可待。生意人没有耐心是很难做好生意的。

女人的操作能力和协调能力都比男人强。在如今科技高度发达的信息时代，越来越多的行业都在使用越来越多的易于操作的电子化设备，女人在寻找工作方面开始显示出比男人更大的优越性。所以有人说："工业时代劳动者典型形象是男性，在信息时代工作的典型形象应当是女性。"随着历史的发展，此话的真实性将得到越来越多的验证。

尽管有这么多优势，但女人毕竟是女人，在那些创业丽人的辉煌背后，几乎都有着万千黯然的失败痛楚。收益与风险成正比，你准备好了吗？

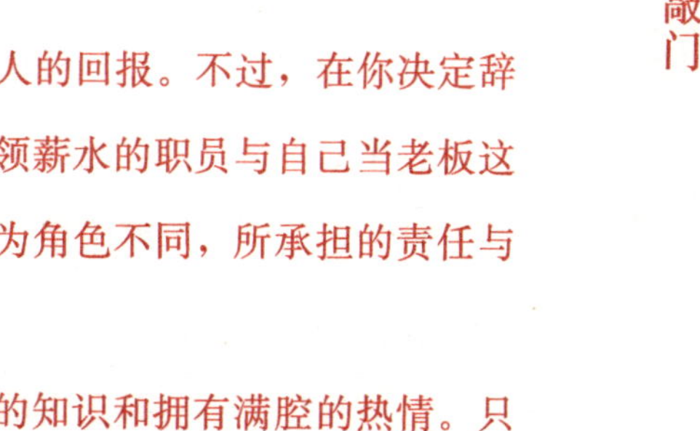

创办自己的企业可能会带来非常诱人的回报。不过，在你决定辞职做老板之前，还应仔细思量。对做个领薪水的职员与自己当老板这一问题，不能简单地分为孰优孰劣。因为角色不同，所承担的责任与义务也不同，很难说哪一种更好。

无论何种行业，都需要掌握好专门的知识和拥有满腔的热情。只要你选定了自己的优势行业，凭你的美丽、智慧和能力，开创一片你自己的天地就不再只是梦想！

让工作成为你生活的重要部分

“工作也许不如爱情来得让你心跳，但至少能保证你有饭吃，有房子住，而不确定的爱情给不了这些……”这是现在颇为流行的一句话，事实也是如此，尤其是现代女性，很少有人甘愿当个全职太太。

但是很多女人并不能正确对待自己的工作，因为她们的心思并没有完全在工作上，也许在想着晚上吃什么，男朋友什么时候来接她下班，等等，这样一来自然在工作中就感觉不到丝毫的乐趣，更别提在事业上能有所成绩了，那只不过是她打发无聊时间的场所而已。

也许你家庭富裕，也许你认为自己没有这个工作一样活得更好，因为你的丈夫能养着你，那你就错了。你的依赖只会让男人感到一时的怜惜，时间长了他就会觉得压力很大。而且你的父母也会因为你经济上的不独立而担心你的另一半会对你不好，你很难得到他的尊敬。

其实，在这个社会上女人属于弱势群体，事业心强的女人更容易受到男人的尊敬，而且可以让女人少点对别人的依赖感，加强自己的独立性，拥有自己那片闪亮的天空。单身的女人还有可能在自己喜欢的岗位上遇到白马王子呢!

理性的工作还可以让你的思维变得灵活，同时扩展你的社交圈，让你的生活不再仅仅是围绕着老公和孩子转了。但不是说你就要没日没夜地加班，完全不顾家里，那丈夫也会有意见的。因此平衡好家庭和工作的关系是最重要的。

这个世界并不只是男人的天下，其实女人天生心思细腻，有些工作比男人更适合做。只要在上班的时候倾注自己全部的精力，把自己的本职工作做得比别人更完美、更迅速、更正确、更专注就可以了。

永远记住：认真的女人最美丽！

永远不要把家事带到工作岗位上，永远不要把工作拿回家里去完成。

工作并快乐着

职场女人要树立“工作并快乐”的信念，当工作烦恼突如其来时，必须要学会控制，要保持快乐的情绪和良好的心态。因为良好的心态是获取成功的恒定法宝，保持愉快的心情，工作就变得轻松而有乐趣。

摆脱工作中的烦恼。凡是工作，都会有麻烦，会给我们带来压力，职场女人要学会调整自己，能够安排好工作，尽力摆脱工作中的烦恼。

为了工作有效率，必须要有所激励。最好挑一个明确、可量化，并能在一定期间内完成的小目标。目标的达成可使你重拾信心，再朝另一个小目标前进，这时你就会发现对工作越来越有兴致。

俗话说，“知足者常乐”、“心静自然凉”。身为职业倦怠的受害者，要减少压力，首先要找出焦虑的来源，并采取必要措施，以重新掌握你的人生。

暂时把只会挑毛病的老板、永远办不完的公事、薪资少、工作无聊和没人肯定自己等不快的事丢在一旁。等你恢复工作意愿，更有能力接受挑战时，再去面对这些剥夺你信心和自制力的外因。

时时提醒自己，你不是被雇来复制别人的行为的，而是来解决问题的。找出问题点，看看你是不是能想出不同的解决办法，也许这份工作的弹性比你想象的要高；或许你可以把工作变得更符合你自己的

要求。

女人在沉重的工作压力之下，出现“工作低潮”或“工作倦怠”已不是什么新鲜事。它们就像五线谱上高高低低的音符，总是埋伏在女人的工作情绪之中，伺机而动。比方说，你的工作部门即将改组，被不合理的工作量压得喘不过气来，办公室人际关系如箭在弦，升官不成、加薪无份，都可能使你陷入一片“愁云惨雾”之中。

工作低潮时往往有以下状况：连续好几天都无法顺利入眠，而早晨也时常在恐惧中惊醒，心中仿佛有块沉重的大石头压着。时常对着天花板发呆，脑中一片空白，没有办法提起劲儿工作，而且觉得无所适从。对目前的工作产生极大的厌恶感，并对同事有不满情绪，有一种快被逼疯的感觉。最近与人交谈总是心不在焉，跟不上谈论的话题，同时也对周围事物不感兴趣。

一个寻不着目标的人，就像多头马车一样漫无目的，令人泄气。因此，你必须先弄清自己工作的意义。一旦确定了，强烈的工作动机就会启动你的生命活力。所以，不妨试着将自己的工作目标写在纸上，不论是为了追求自我价值，还是要拥有一个温暖的家，都能鼓励你逐步前行。

不妨在笔记簿中记下几个公司附近可以发泄情绪、振作精神的地方，如小公园、书店、咖啡厅、保龄球场等。当然，在双休日，你还可以约上三五知己去郊游，泡温泉、钓鱼、划船都是不错的选择，也许会使你的情绪有所放松。

改变四周的摆设，有些时候，杂乱无章的工作环境也令工作效率低落，所以，不妨将自己的工作空间设计成可以配合做事习惯的模样。除了让每份文件都有可以归类的地方，亦可利用一些颜色鲜艳的小海报、有趣的摆设或茂盛的绿色盆栽，来振奋工作心情。

社会变化快速，科技日新月异。每个人都必须终身学习，才能调整工作上所遇到的困难。因此最好是在工作之外，拨出一些时间培养其他方面的兴趣，例如阅读、画画或学习陶艺等。这不仅能使心灵与精神有所寄托，更让你拥有另一个成长的空间。

愉快的工作常会给人带来欢乐，不称心的工作能影响我们的个人生活，当我们回家后，几乎不可能把不愉快的事情丢到脑后。

专家研究表明，如果一个人得到“适当的工作安排”，换句话说，如果一个人的需求与工作相符，这个人很可能会对工作满意，会全身心投入工作。如此一来，这个人将不会常常称病告假，不会动辄辞职不干，而工作质量也会更高。总之，这对每个雇员、雇主、管理人员都有好处。对于个人，它意味着有一个快乐的工作；对于公司，则意味着更高的利润。

进一步研究还发现，即使是收入可观、前程远大或者稳定可靠的工作，如果不能满足员工其他方面的精神需求，也同样不能提高工作效率，因此，专家们的结论是能满足一个人动机需求的工作可能就是带来快乐的工作。

快乐的情绪，可以让女人快乐地工作，也会把快乐传染给周围的同事。工作会让你忘记烦恼和忧愁，不要把工作当做一个苦差使，要时时想着工作带给你的快乐。

永远做自己喜欢的事情

人们在从事自己喜爱的工作时，总是特别有激情，有创造力，而且容易感到幸福，感到满足。

人的一生短暂而漫长，但很多人只能把自己喜欢的事悄悄搁在心底，再加上一把锁，去做许多该做的事而不一定是自己喜欢的事。

活着的理由很多，为工作而活，为责任而活，为别人而活，为许多说不清的道理甚至虚伪和毫无价值的评定而活。从日出到日落，从月圆到月缺，与多少美丽擦肩而过，多少真心喜欢做的事，心里想着惦记着，却一件也没做成，就任青丝变成白发，任额头皱纹缕缕。

智者说：人生好似一个布袋，等扎上口的时候才发现，里面装的都是遗憾，还有许多没来得及做的事。

聪明的女人选择做自己喜欢的事情，为了生命中少些缺憾、多点美丽，为了在扎上口袋时少一分后悔。

现代女性不甘心成为生活的牺牲品，她们努力挤出一部分生命给自己，但决不意味着她们不承担责任，不履行义务，不扮好自己的社会角色，她们只是懂得人还应该为自己而活。

工作很重要，它满足你的物质需求，它提供给你未来生活的幸福保障。现代女性坚持一个前提：工作绝不能与自己喜欢的事情相冲突。她希望自己每天开开心心去上班，心满意足回到家，愉快期待第二天太阳重新升起。

男人很重要，选择一个好男人做自己的伴侣，是女人一生里的头等大事，所有女人都会慎重对待。现代女性从不会委屈自己，不会把金钱、相貌、门第等作为择偶标准，她所要寻找的，一定是一个她自己喜欢的、相处融洽的伴侣。因为喜欢，正是产生爱情的首要基础。

家庭很重要，每个女人都梦想有一个幸福美满的家，为了这个目标，她们兢兢业业、任劳任怨地付出。为心爱的人做一顿美味晚餐，让房间保持清洁整齐，很多女人把家庭与家务等同起来。聪明女人也希望让自己的家变得幸福温馨，但她却不愿意从此成为女佣、清洁妇。如果讨厌家务，尽可能请个钟点工来帮忙，否则，不是用爱心烹饪出来的食物不会让享用者感到快乐，不是用爱心整理好的屋子充满着怨气。

生活里重要的事情很多，但是最重要的是自己，是幸福快乐的心情。

每个人都有自己喜欢的事情，可是很多时候，人们其实没有选择的机会，现实生活常常阴差阳错。

年轻时，每个人都会有自己的梦想，随着岁月流逝，又很容易丢弃它们。现代女性却把它们当做自己最珍贵的财富，把自己的时间尽量花在自己真正喜爱的事情上，她们甚至会忘记时光，永远葆有年轻的心态。

在琐碎的生活之余，现代女性会安安静静地读几页书，会心无旁骛地画几笔画，会快快乐乐地爬几趟山……不求能得到多大的成就，只是因为那是她心中所爱，属于她的东西，任何人也夺不走。

能做自己喜欢之事的人是快乐的人，能做自己喜欢之事的人是幸福的人！

现代女性选择做自己喜欢的事情，是尊重自己的表现。只有做自己想做的事，人才会感觉到快乐和幸福，才会使自己在精神上获得充实和心理上得到满足，才会对生活充满感激和热情，才能使自己的命运更好。

不要迷失自己的目标

职场并非处处坦途，它也会有未被开垦的原始森林。而在这个潮流瞬息万变的时代中，女人只要坚定目标，就能冲破迷雾，走出迷宫般的原始森林。

可是，在职场上，很多女人总是害怕前途渺茫，轻易放弃自身求生的努力，丧失了自救的机会；或是退而求其次，在不断的游移之中，消耗掉了本身的雄心大志，虽然跟随着别人走出了原始森林的迷宫，却失去了探险的勇气，安于琐碎而烦闷的生活。

制定一个现实的目标非常重要，这是最终可能成功的根本保障。刚刚进入职场的女人要认真分析自己的专业、性格、气质和价值观等，找出自己的特点，弄清自己到底想要什么，想要一个怎样的结果。然后根据自己的实际情况，制定一个能够实现的目标，这是成功迈入职场的第一步。

常言说得好，无志者常立志。确实，有些人经常确立目标，但最终却没有一个真正的目标。制定的目标一定要具体，因为我们只能根据具体的目标去制订具体的计划。如果你不知道具体做哪些事情才能够让老板愿意给你加薪水，那么你的加薪梦想肯定会泡汤；如果你不知道应该背哪些单词、应该背多少个单词，而是从字典的任意一页，比如第 50 页，开始任意背 100 个单词，这样的目标就算实现了，实际上也没什么效用。

同样，为了完成一项重新植树造林计划，你不会笼统地说："我要在 6 个月之内变得更健康一些，那样我就可以进入深山作业了。"而相反地，你可能会很具体地说："在半年之内，我要减轻 20 斤体重，"或者"半年之内，我坚持每天跑它两三公里。"

每个人都有不同程度的惰性，这是人类的基因所决定的，甚至不是大脑可以控制的。我们的惰性几乎可能以任何形式发作。如果你不把你的目标写下来，那么，很可能从某一天开始你就"忘记"了你曾经制定的目标。惰性的具体表现形式是让你"合理地"觉得并且相信："我还有那么多其他重要的事情做呢……"直到有一天你突然想起来："唉呀！一个月过去了，我怎么忘了这件事儿呢!"而这样的念头过后，放弃，几乎成了再自然不过的事情。

所以，一定要把已确定的目标写下来。甚至可以写到很多张"随手贴"上，然后贴到很多你每天必然能看到的地方，比如镜子右上角、马桶正对面的墙上、冰箱里放酸奶的地方什么的……这种"反复地强化目标记忆"是非常重要的，它会使你不由自主地觉得已经确定的这个目标是最重要的事情。

真正现实的、具体的，即可能实现的目标往往是动态的，因为我们不是生活在一个静态的世界里，并且，我们自身也在不停地变化。

随着计划的不断实施，我们慢慢发现原本看来很现实的目标其实并不现实，或者原本看来具体的目标其实并不具体；也有这样的可能性：随着时间的推移，我们竟然发现已制定的目标并不是我们真正想要的；或者还有这样的可能性：突然发生了某些事情，导致原目标不得不暂时搁置，因为该突发事件更加紧急……

所以，要成为一名成功的职场女人，你应该把自己的目标适当地放在社会的大环境中衡量一下，而且在执行目标的同时，必须时刻调整自己的心绪，不要让自己的坏心情把目标断送。

在当今社会，大多数工作是不分性别的，只要你能力卓越，就会有一个适合的职位在等着你。而你只有无论身处顺境，还是逆境，都始终把握自己选定的目标，坚定不移地走下去，才能抓住属于你的机会。

女人不管做什么事，都要有目标。大部分女人希望自己是女强人，但也要家庭幸福，这就是目标。目标是女人生活的方向，没有目标，生活工作必定一团糟。这个目标，诱惑着女人，引导着女人，使女人步入更高的境界。

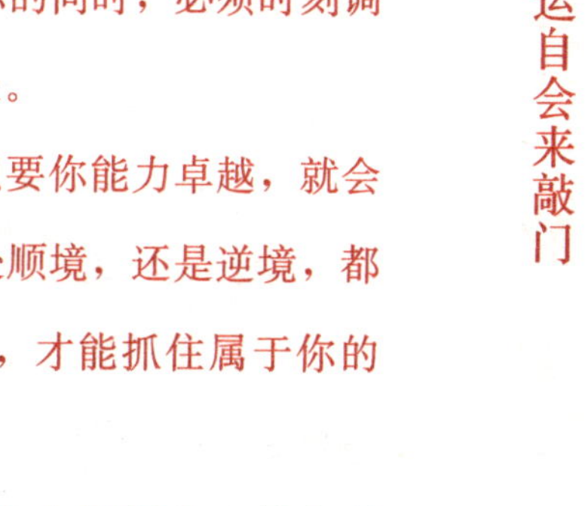

练就职场中成功女人的特质

如何在茫茫人海中脱颖而出，如何在办公室纷纭复杂的人际关系中游刃有余地生存？女人们应该拥有自己独特的个性，而以下这6个方面的特质正是办公室里成功女人必须要拥有的：

对自己的定位清楚。女人要在职场上担任要职，一定是很早就已经有“我要在职场闯出一番成就”的决心。她们不会有“等哪一天出现一个白马王子救我脱离苦海”的天真想法。

勇于提出要求。你的主管不会主动关注你的需求，为你一步步规划好升迁之路。如果你有很强的企图心，最好主动让主管知道。除了直接向主管反映你在工作上发展的期望，也有一些方式，可以让主管察觉你的企图心。

敢于踊跃发言。在一些以男性占多数的职场中，女人的意见往往会被淹没，成为“没有声音的人”。成功的女人勇于发表意见，有条理地陈述意见，并且言之有物，自然能表现出权威感，也较能在同事中被突显出来。

懂得推销自己。在职场上，自我营销是绝对有必要的。在众多同事中，如何让老板发现你的企图心和专业能力，需要有一些主动的作为。成功的女人即使主管没有要求，也会定期向主管报告工作进度。

成功的女人懂得边做边学。与男人相比，女人往往容易退缩，而要想成功的女人不应该错过任何表现的机会。即使你对一件工作不是完全熟悉，还是可以边做边学，即使做错，也能得到宝贵的经验。

要求授权、担起责任。在职场上，老板最喜欢的员工，是可以放心授权的"将才"，而不是畏畏缩缩、无法担起大任的小兵。成功的女人勇于接下大家都觉得棘手的项目，借着这些工作的洗礼，积累职场经验，并且激发自己的潜能。

"不怕没运气，只怕没方法"——找对方法，你会发现女人成功更容易。

不要让性别阻碍了你的升职

作为职场女人，你有没有想过为什么在职场中男性扮演的角色通常会比女性重要？为什么在同等条件下，职场会更青睐男性而不是女性呢？为什么自己在职场打拼了这么多年，却总是得不到提升呢？原因当然是多方面的。

大家可能都知道，女性在职场上很多时候会受到歧视。从找工作开始，多数用人单位对女人提出的要求就非常高，处在相同水平上，公司可能就要男人了。女人必须要比男人优秀，胜出的把握才大些。

进入公司后，很多条件对女人不利，有的时候并不是你的业绩好就能得到较高的回报。多数女人在工作经历中，隐约感觉到自己与男人是不同的，感觉到不被群体接受。面对职场的性别歧视，女人该如何对待呢？

其实，女人跟男人相比，具有很多与生俱来的优势。因为在强调团队合作的情况下，女人比男人具有更高水平的交往技巧。因此，职场女人可以利用自己的这种能力，在工作中更加充分地发挥自己的特长。

改变一个人的固有观念也许很难，比如对女性的歧视，但你首先要自信，同时展示你的业务能力，还有就是对企业文化的知晓。知道这个企业喜欢什么样的人以及他们的日常规矩和一些不成文的规定。既不能整天埋头工作而不顾其他，也不能为了忙于职场的人际关系而搞得满城风雨。你要兢兢业业，对男性喜欢竞争的天性有所了解，更要对他们所主宰的企业文化认识深刻。

职场女人要想在职场中取得更进一步的成绩，必须坚决摒弃典型的患得患失、优柔寡断的小女人心理，多多关注留意自己身边优秀的男性做事的决策过程，分析他们的决策思维，并吸其精华、弃其糟粕，久而久之自己做事的方式也会受其“感染”，从而提高自己做事的效率。

此外，要想升职别忘了一点，就是要不断地付出。因此应该从这几点做起：

工作时难免会遇到困难与挫折。这时，如果你半途而废或置之不理，将会使公司对你的看法大打折扣。因此，随时运用你的智慧，或许只要一点创意或灵感便能解决困难，使得工作顺利完成。要充分发挥自己的聪明才智，做一些自己觉得有意义、有价值、有贡献的事，实现自己的理想与抱负。马斯洛认为这种“能成就什么，就成就什么”，把“自己的各种禀赋一一发挥尽致”的欲望，就是自我实现的需要。

扩大自己的工作舞台。有空时到自己不熟悉的部门看看，了解其他部门的工作性质。多接触其他部门的同事，扩大自己的人际交往圈子。

施展你的人格魅力。在大多数人眼里，人格魅力是最不可捉摸的神秘因子，是一种神秘得近乎神奇的事业推进剂。它是一种迷人的气质和个性魅力，它会让你得到别人的支持，并成为领导者。

过硬的业绩。工作业绩是衡量一个人在工作中综合素质高低的砝码。突出的工作成绩最有说服力，最能让人信赖和敬佩。要想做出一番令人羡慕的业绩，就要善于决断，勇于负责；善于创新，勇于开拓；善于研究市场，勇于把握市场。唯有如此，企业的航船才能在市场经济的大海中“以不变应万变”顶住风浪；或能“见风使舵”乘风破浪，越过激流，避开商战“陷阱”，使企业立于不败之地。当你力挽狂澜以骄人的业绩振兴企业时，你的影响力顺理成章地达到了“振臂一呼，应者云集”的地步。

让人信任你。如果在办公室里你能表现得幽默活泼，善解人意，豁达开朗，让异性同事充分感受到与你共事的幸运和兴奋。那么，各种回报将随之而来——邀请你做女嘉宾，参加盛大的年会，在你遇到难题时会有人鼎力支持……原因很简单，你的亲和力让他们觉得你是一个值得信任的好女人。

其实，命运往往把握在自己手中，只要用心努力了，就一定会有回报。面对晋升的不公平，女人要善于为自己创造条件，勇于为自己争取机会，充分发展女人的优势，弥补自己的不足，为自己的晋升扫除重重障碍。

女人自身的优势，再加上出色的工作能力以及了解公司的企业文化，一个能为公司带来很大业绩、对公司发展作出很多贡献的女职员，老板有什么理由不升你的职呢？

女人放弃自我就会一无所有

有个女孩如此抱怨道：我很爱我的男朋友，为了他我愿意放弃任何东西，他喜欢的我会去做，他不喜欢的我就不去做。我对他简直是好得不能再好，可他不是很爱我。我也觉得这样太没自我了，可是我真的无法想象我离开他的日子，我觉得我会死的，我总想有一天他也会很爱我的。

在古代，婚姻是女人一生的赌博，她们将全部的希望寄托在丈夫有出息上，盼望着有朝一日“夫贵妻也荣”。即使在妇女独立的今天，不少妇女仍然愿意将全部的爱与幸福寄托在丈夫身上时，换来的往往是失望。帮助男人成功并没有错，错就错在放弃了完善自我。没有一个良好的自我，只靠男人活着，永远是女人的悲哀。只有不断完善自我，与丈夫比翼齐飞，一同进步，一同成功，才会有良好的心态与丈夫相处。女人只有不断完善自我，才能把握自己，实现自我，并受到他人的承认和尊重。

当女人为婚姻完全放弃自我时，她就放弃了得到认可和尊重的权利。经营婚姻和爱情，就像手中抓住的沙子，握得越牢，越容易流失。女人把自己的未来寄托在别人身上，舍弃了自尊、自我价值，幸福生活就没有保障。

女人的天空原本是明丽湛蓝的，不应该生活在泪雨纷飞和愤怒失衡的心态下；更不能放弃自尊，放弃了自尊的女人就等于自掘坟墓！不要为男人而活，要为自己而活，要活出价值来，活出被别人需要的自豪感！全国妇联把自尊、自信、自立、自强作为新女性的标准，实质就是号召女人在不断的自我完善中发展自己，追求幸福。“四自”精神不仅是女人实现自我价值的需要，也是维护美满婚姻的法宝。所以，不断完善自我应是女人一生的功课！

对于很多女人来说，一旦遇到了某个心仪的男人，她往往会在自己生活中某些相对次要的事情上做出让步，时间一长，就迷失了自我。所以女人还是要有自己的思想和生活空间，坚持自我，这样你才不至于过别人的人生。

在不断的挑战中实现自我

对于工作，最大的乐趣就是它给你带来的成就感。那些懂得享受工作的人几乎都有这样一个态度：要么不做，要做就把它做到最好。要想在职场中有所成就，你就必须让自己时刻努力，尽可能地把每一件事都做到极致，那些习惯于敷衍了事、不思进取，没有责任心的人，不仅谈不上是什么职场丽人，工作对她们来说简直就如“洪水猛兽”，哪有什么乐趣可言？

不要以为“身为女人”就可以放松对自己的要求，你毁了工作，工作照样可以毁了你。聪明的女人就应该把挑战当成乐趣，在巨大的成就中去实现自我。

尽管在很多单位里面你要打入主流群体并非易事，但只要你努力，不甘平庸，勇于接受任何挑战，依旧有可能成功。

首先反思你自己。不要因为以前你的或别人的不愉快经历而假设每个人都存有敌意，要根据面临的新情况而做出具体判断。

广交朋友。结交朋友，建立社交圈，寻求前辈的指导，对每个人来说都是基本的职业技巧。如果你是一个“局外人”，这些就尤为重要，遗憾的是做起来很难。

成功的局外人都认为，你必须让主流文化的人们能和你自然相处。你必须放下你自己的架子，充满自信地参与社交活动，接受对你表示友好的人们的提议。

强调积极正面的东西。你必须拥有能成功的技巧和知识，这一切就是你被雇用的原因。但是如果你不是企业主流群体中的一个成员，你就得有些额外的素质。了解你所在领域内的最新潮流，想办法应用在你目前的工作或你希望做的工作上。敢于冒险，勇于决策。抓住一切机会，调动或者被指派到和公司目标直接相关的第一线工作上，强化你的书面和口头表达能力。认识到你的文化背景所具有的力量。

善于表现自己。让公司知道你可以做些什么。即使你是一个成就非凡的人，你也不要指望被别人发现或者认识。为了取得进展，你得让人们知道你是谁，你做了些什么。

沉默寡言，严格信奉权威，不愿听取建议，害怕“出人头地”，与主流群体的人们无法和谐相处，如果你想使自己更引人注目的话，所有这些可能就是你必须克服的文化障碍。

善于接受，不要牺牲。让你的观点和公司文化相适应。要从局外人变成局内人，并且真实地对待你自己，你必须懂得“接受”和“牺牲”之间的区别。你得做到：

认识哪些文化特征是你不能放弃的，哪些是你愿意调适到符合公司文化的。不要把为公司文化而做出的每一种改变或调节视作放弃或让步，而要看成是适应新环境的一种方式。不要让你所在群体的其他人为你下结论，该在哪里画一条线，你得自己做出决定。

如果公司歧视你的文化，如果公司的价值观直接和你的文化发生了冲突，如果你现有的职位不足以充分展现你的才能，那么如果你留下来的话，你可能就在做出牺牲了。

知道你自己的权利。如果你认为你遭到不公平的对待，你该怎么办？你可以尝试自己解决问题。或者你可以依照公司制定的程式，或者找来同盟者帮忙。如果遇到非法歧视，你可以考虑采取法律行动。法律会保护你的权益，对有关种族、性别、民族、年龄、怀孕或者残障等方面的不公平待遇，给你做出赔偿。在你采取法律手段之前，务必仔细斟酌你将在精神上、事业上和经济上付出的代价。另一种选择是辞职。另谋他就，找一个在企业文化方面更适合你的工作。如果辞职比留下来付出的代价更大，那就调整心态，继续干下去。

要有远见，并为此做出计划。有些女人认为该来的都会到来，她们的才华能确保自己的成功。这种宿命等待的态度可能会失去更多机会。因此，你还得做得更多。如果你想有所作为，除了你目前的技能，还得为了自己的利益多积极行动。

为了推动你的计划，你得把你将来10年要实现的目标写下来。然后重要的工作开始了，那就是行动起来，实施计划，把目标变成现实。

成功的人视工作为人生乐趣

有很多真正的白领阶层，他们大多是拥有某种专业知识或受过专业训练的人，他们朝九晚五，穿行于城市的写字楼里，有一份令人羡慕的工作，拿一份不菲的薪水，但他们并不快乐，他们是一群孤独的人，不喜欢与人交流，他们不喜欢星期一，视工作如紧箍咒，但他们为了生存，不得不出来工作。有调查表明，这些人的健康水平令人担忧，他们精神紧张、未老先衰，容易患胃溃疡和神经官能症。

有人也试着向他们提出这样一个问题：为什么不能把工作当成你的爱好呢？如果你所学的专业和你个人的志趣南辕北辙，那么，你当初为什么还会选择你所学的专业呢？你如果已经为你的专业付出了四年大学的时光甚至更多的时间，这就说明，你对你的专业，虽然谈不上热爱，但至少可以忍受。因个人的兴趣而厌恶工作，这只能是你的借口。这是对自己不负责任的做法。

亨利·恺撒是一个成功的人，他的成功缘于他的母亲教会了他在工作中享受快乐，在快乐中工作。

玛丽·恺撒的母亲玛丽在工作一天之后，总要花费一定的时间做义务保姆工作，帮助不幸的人们。她常常对儿子说："亨利，不从事劳动，从来也不能完成什么事情。如果我什么也不遗留给你，只留给你劳动的意志，那么，我就给你留下了无价的礼物：劳动的欢乐。"

工作不仅是生存的需要，也是实现个人的人生价值的需要，一个人总不能无所事事地终老一生，应该试着把你的爱好与你所从事的工作结合起来，不管你做什么，都要乐在其中，而且要真心热爱你做的事。

恺撒说："我的母亲最先教给我对人的热爱和为他人服务的重要性，她习惯说热爱人和为人服务是人生中最有价值的事。"

亨利·恺撒深知积极的心理态度的力量。在第二次世界大战中，他建造了1500多艘船，其造船速度震动了世界。当时他曾说："我们每10天能建造一艘'自由轮'。"专家说："这是做不到的。这是不可能的。"然而恺撒做到了。那些相信他们只能排斥积极性的人，使用了他们法宝的消极的一面；那些相信他们能排除消极性的人，使用了他们法宝的积极的一面。这就是为什么当我们使用这个法宝的时候，我们必须小心，这个法宝的积极的心理态度的一面，能够使你获得人生中有价值的东西。它能帮助你克服困难，发现自身的力量。它能帮助你走到你的竞争者的前面，并且如同恺撒那样，能把别人说的不可能的事变成现实。

如果你掌握了这样一条积极的法则，如果你把热忱和你的工作混合在一起，那么，你的工作将不会显得辛苦而单调。热忱会使你的整个身体充满活力，使你在睡眠时间不到平时一半的情况下，工作量达到平时的二倍或三倍，而且不会觉得疲倦。

当你在乐趣中工作，如愿以偿的时候，就该爱你所选，不轻言变动。但如果你开始觉得压力愈来愈大、让你愈来愈紧张的时候，在工作中感受不到乐趣，开心不起来，没有喜悦的满足感，那就是提醒你，有些事情不对劲了。万一这种情况一直持续下去，就该换一份工作了。

成功的人乐于工作，并且能把这份喜悦带给别人，使得大家不由自主地接近他们，乐于与他们相处或共事。

有人觉得人生最有意思的地方就是工作，在工作中每件事都是用积极的心态去对待。不妨多给自己机会去尝试。经历各式各样的事情，从中发现你不喜欢的部分，再找到合适的方向，重新开始。

与同事相处是一种缘分；与顾客、生意伙伴见面，是一种挑战；和你每天必须见面的人相处，更是一种乐趣。

爱默生说："没有热情是什么事情也做不成的。"热情就是成功的火花，当你在工作中当一天和尚撞一天钟的时候，你可以不必有热情，但你如果想在工作中有所成就的时候，工作必须有热情。

许多杰出的人物都是乐观、豁达、心地坦然的人。他们蔑视权贵、淡泊名利，善于享受真正的生活，善于发掘蕴藏在生活中的无穷快乐。他们的生活之所以总是充满着幸福和快乐，也许正是因为他们总是从事自己最热爱的工作——他们那富有的心灵总是充满着创造的活力。

歌德说："如果工作是一种乐趣，人生就是天堂！"如果我们对工作、对事业高度热爱，就不仅能喜爱自己有兴趣的事，而且能喜爱自己不得不做的事，等于一辈子都生活在幸福的天堂中。正从事着自己喜爱的工作的人，是最快乐的。快乐与事业并不矛盾，而且是和谐统一的。对工作有乐趣，可以得到快乐；事业成功了，可以得到更大的快乐。事业成功本身，便是一种最大的快乐、最大的幸福、最大的力量。因此，追求事业成功，就是追求最大的快乐。愉快的工作是快乐之本、幸福之源。

要想爬山，必须拥有健康的身体和充沛的精力。爬山如此，职场打拼也是如此。体力不济的人，只能在半路打住，永远到不了山顶。一个人走到半路走不下去时，往往会改变初衷，把目标定低一点，当不了CEO，当个经理也不错。能满足于较小的目标的人，生活也许比真正完成大目标的人丰富得多，他们有时间休闲，享受朋友相聚的乐趣，能与家人共处，能发展自己的爱好。而牺牲这一切来换取成功的人，则有另一种快乐与满足——他们觉得自己是胜利者。

全身心投入工作中，你会得到“忘我”的快乐，这种快乐是因循苟且者永远享受不到的。

没有人能永远全神贯注，事实上也没有这种必要，因为太费神费力了。只要养成习惯，必要时便把精力集中在工作上，你会发现生活比以前更有味道，因为你已学会专心做一件事了，你会工作得更有劲，玩得也更痛快。

也许有人会问：“为什么只有少数人能陶醉在工作中，有的人工作非常辛苦，却收获不多?”是的，如果你在工作上只是盲目地做牛做马，那就太不值得了。你必须有目标，为你的目标而努力。辛勤工作并不表示你真正投入工作了。同样是泥瓦匠，同样砌砖墙，有的人默默埋头苦干，觉得很无聊，但还是认真地做下去；有的人一面砌，一面想象这座墙砌成后的面貌，上面也许会爬满牵牛花，孩子们也许会攀在墙头看风景……他努力砌墙的同时，眼睛已经看到努力的成果了。

前一个砌墙人虽然卖力，其实跟牛马差不多，在已有的习惯上打转，生活对他而言是一种苦刑。后者却能陶醉在工作中，同时他很可能一面工作，一面思考改善，因此技术会不断进步，工作不仅不让他觉得无聊，还让他有机会成为这一行的高手。

将自己全身心投入到工作中，进入一种忘我的境界，在工作中快乐着，在快乐中幸福着。